国家级气象观测业务中试平台系列丛书

气象探测科技成果中试运行报告
（2022 年）

徐鸣一　主编

内 容 简 介

本书是中国气象局气象探测中心落实《综合气象观测业务发展"十四五"规划》的重要举措,也是完善国家级观测验证基地体系、建设和完善综合气象观测验证业务平台和中试平台的具体行动。

本书共分为4章。第1章为科技成果中试业务简介,着重介绍了气象科技成果中试业务的背景、定位、功能和流程。第2章详细介绍了中试平台主要采用的4类产品质量评价指标体系,包括完整性、准确性和一致性等关键指标。第3章通过具体的产品评估案例,深入分析了质量评价指标体系在实际中试应用中的情况和效果。第4章重点介绍了气象观测业务中试平台的建设情况和能力提升,强调了平台在促进科技创新及推动产学研合作中的重要作用。

通过本书的阅读,旨在向气象观测数据产品研发工作者、气象观测数据质量控制工作者、气象观测业务工作者,以及广大的气象观测产品研究学者提供翔实的中试评估工作指导和参考。

图书在版编目(CIP)数据

气象探测科技成果中试运行报告：2022年 / 徐鸣一主编. -- 北京：气象出版社,2023.9
 ISBN 978-7-5029-8048-1

Ⅰ. ①气… Ⅱ. ①徐… Ⅲ. ①气象观测-研究成果-中国-2022 Ⅳ. ①P41

中国国家版本馆CIP数据核字(2023)第183214号

气象探测科技成果中试运行报告(2022年)
Qixiang Tance Keji Chengguo Zhongshi Yunxing Baogao(2022Nian)

出版发行：气象出版社
地　　址：北京市海淀区中关村南大街46号　邮政编码：100081
电　　话：010-68407112(总编室)　010-68408042(发行部)
网　　址：http://www.qxcbs.com　E-mail：qxcbs@cma.gov.cn
责任编辑：王　迪　　　　　　　　　　终　审：张　斌
责任校对：张硕杰　　　　　　　　　　责任技编：赵相宁
封面设计：博雅锦
印　　刷：北京建宏印刷有限公司
开　　本：787 mm×1092 mm　1/16　　印　张：4.5
字　　数：112千字
版　　次：2023年9月第1版　　　　　　印　次：2023年9月第1次印刷
定　　价：50.00元

本书如存在文字不清、漏印以及缺页、倒页、脱页等,请与本社发行部联系调换。

《气象探测科技成果中试运行报告(2022年)》编委会

主　　任：张雪芬
编　　委：杨荣康　权继梅　施丽娟　郭建侠　李翠娜

编写组

主　　编：徐鸣一
副 主 编：胡芸芸　秦世广　赵晨曦
编写人员：郑静瑜　李　季　陶雨雨　王　健　褚　璐
　　　　　王海深　张　璇　茆佳佳　夏元彩　刘东剑
　　　　　高　岑　李瑞义　朱永超　王　佳　康家琦
　　　　　刘　健　周　青　石　城　郭亚田　崔喜爱
　　　　　林雪娇　石　锐　孙　豪　高　杰　张　峰
　　　　　刘　征　付懋森
校　　对：褚　璐
统　　稿：胡芸芸

前 言

近年来，我国高度重视科技成果中间阶段的试验（以下简称中试）基地建设，为了系统评价中国气象局气象探测科技成果中试基地产品的质量，中国气象局气象探测中心自 2022 年起开始筹划并编写《气象探测科技成果中试运行报告（2022 年）》（以下简称《报告》）。经过一年多的编撰，我们终于完成了《报告》的编写工作。

在《报告》的编制过程中，得到了中国气象局领导的指导和殷切关怀，以及中国气象局综合观测司领导的大力支持。同时，还要感谢兄弟单位、各省（区、市）气象局和各产品研发单位的有力配合与支持。同时这也是我们首次开展此类权威报告的编制工作，因此内容方面难免存在一些疏漏之处，我们真诚期待读者的批评和指正。

最后，衷心希望本报告能够为气象探测科技成果中试基地中试产品质量评价提供有益的参考和借鉴。我们将不断努力提升中试品质与效果，进一步推动我国气象探测事业的高质量发展。

作者
2023 年 6 月

目 录

前言

第 1 章　气象探测科技成果中试业务 ·· 1

　1.1　科技成果中试业务简介 ·· 1
　1.2　科技成果中试业务定位和功能 ·· 2
　1.3　科技成果中试业务流程简介 ·· 3

第 2 章　中试产品质量评价指标体系 ·· 5

　2.1　中试产品质量评价目标 ·· 5
　2.2　中试产品质量评价流程 ·· 5
　2.3　中试产品质量评价方法 ·· 6
　2.4　中试产品质量评价指标 ·· 6
　2.5　中试产品质量评价指标分类展示 ··· 18

第 3 章　中试产品质量评价指标体系应用分析 ·· 20

　3.1　完整性检验指标应用分析 ·· 20
　3.2　误差统计类指标应用分析 ·· 21
　3.3　传统检验评分应用分析 ··· 34
　3.4　分级检验指标应用分析 ··· 38

第 4 章　气象观测业务中试平台建设与能力提升 ····································· 44

　4.1　气象观测业务中试平台建设 ·· 44
　4.2　气象观测业务中试能力提升 ·· 53

后记 ·· 59

附录 ·· 61

第 1 章　气象探测科技成果中试业务

1.1　科技成果中试业务简介

1.1.1　科技成果中试业务背景

随着国家政策的支持和科研机构合作的推动,中间阶段的试验(以下简称中试)基地得以快速发展。2020 年 3 月,中共中央、国务院发布的《关于构建更加完善的要素市场化配置体制机制的意见》明确支持企业与科研机构合作建立中试基地等研发机构。2021 年 3 月,国家发改委等 13 个部门联合发布的《加快推动制造服务业高质量发展的意见》进一步强调支持科技企业与高校、科研机构合作建立中试基地。2022 年 1 月,科技部下发的《关于营造更好环境支持科技型中小企业研发的通知》提出对中试熟化基地的支持力度加大。

气象观测业务作为气象事业的基础,对国家经济社会发展具有重要作用。为满足各个领域对气象观测业务的需求,我国不断加强气象观测业务中试基地和创新平台的建设。根据中国气象局发布的《新型气象业务技术体制改革方案(2022—2025 年)》,我们将强化气象科技成果的业务转化导向,建立一批部级重点开放实验室和中试基地等创新平台,以推动科研单位联合共建中试基地,促进科研机构和高等院校的科技成果向气象业务服务转化。此外,《综合气象观测业务发展"十四五"规划》提出了加强观测验证基地建设和完善国家级观测验证基地体系的目标,同时建设和完善综合气象观测验证业务平台和中试平台,为中试基地建立打下基础。

1.1.2　科技成果中试业务介绍

中试是指在实验室外或工业规模试验之前,进行中小规模试验的过程。在气象探测数据业务中,中试通常是为了测试新技术、新设备或新产品在实际应用中的效果,以便进一步确定其可行性和可靠性。在气象数据处理领域,中试包括对新算法进行模拟计算、结合历史数据进行试验验证等。在中试过程中,需要对试验方案进行详细设计和计划，制定试验流程并记录试验数据，同时对结果进行分析和总结。中试的结果可以提供重要参考，以指导后续工作的开展。

中国气象局气象探测中心（以下简称中心）依托气象探测数据业务中试平台（以下简称"中试"平台），测试评价新算法、新产品、新技术业务应用的可行性，了解新算法、新产品、新技术的优缺点，并根据业务需求进一步改进完善，开展新算法、新产品、新技术的二次开发，使之更好地应用到业务，有效提高科技成果的转化应用水平。可以说中试就是科研成果向业务化应用转化的"最后一公里"。

1.1.3 科技成果中试业务建立

中国气象局气象探测科技成果中试基地（以下简称中试基地）自 2015 年开展试运行以来，按照《中国气象局气象科技成果中试基地（平台）管理办法（试行）》要求，完善仿真业务平台，健全管理制度、流程和规范，围绕气象探测领域开展气象科技成果中试活动，取得了丰富的中试成果。2019 年经正式运行并获批（气科函〔2019〕55 号），中试基地作为气象探测类科技成果的中试任务承担者，致力于推进现代化观测业务的发展。中心于 2020 年底按照"统一建设，中心共享，质量优先"的原则，初步建成了中试平台，填补了中心在数据业务领域的"中试空白"。至今，中试基地稳健运行，并大力开展科技成果的测试、评估和孵化工作，促进成果的转化应用。中试平台作为实时业务平台的核心功能之一，旨在完善气象科技成果的转化体制和机制，提高气象科技成果的转化应用水平。

1.2 科技成果中试业务定位和功能

科技成果中试业务在气象探测数据业务产品生产过程中具有重要的作用。它承担了多重职责，包括发挥行业技术引领、设计总体把关、科研成果测试与检验、权威评估与评价、技术示范推广等。其中，中试评价在气象探测数据业务产品生产过程中承担检查的职责。中试评价主要是测试评价新算法、新产品、新技术业务应用的可行性，及时了解新算法、新产品、新技术的优缺点，提出改进建议，为其业务化提供技术保证。中试评价任务是通过对新算法、新产品、新技术开展对比检验、误差分析、质量评价、功能性测试，为新算法、新产品、新技术业务准入和业务化提供评价依据。

科技成果中试业务主要业务指标是建立科研开发、中试反馈和业务转化应用有机衔接的业务技术创新链，解决从科研成果到业务应用"最后一公里"问题，持续推进数据质控算法和产品算法迭代升级。通过实现这些指标，中试评价可发挥其职能作用，为气象探测数据业务产品生产过程提供科技支持和技术保障。

1.3 科技成果中试业务流程简介

科技成果中试业务的实施需要遵守相关的具体流程规定和制度。中试流程分为中试申请、接受申请、中试运行、出具报告、归档备案、退出中试以及分析原因并改进7个环节(图1.1)。首先,任务来源方需要向中国气象局气象探测中心业务科技处提交中试申请,业务科技处根据中试任务调配资源和制订中试计划。然后,由数据质量室根据计划安排中试任务,并由中试评价团队进行对比检验、分析评估。根据中试产品质量评价指标,进行中试产品质量评价工作,并制作完成中试后的评估报告。最终,由业务科技处组织评审,根据评估报告结果,完成中试后的评审报告并反馈改进意见和建议给任务来源方。

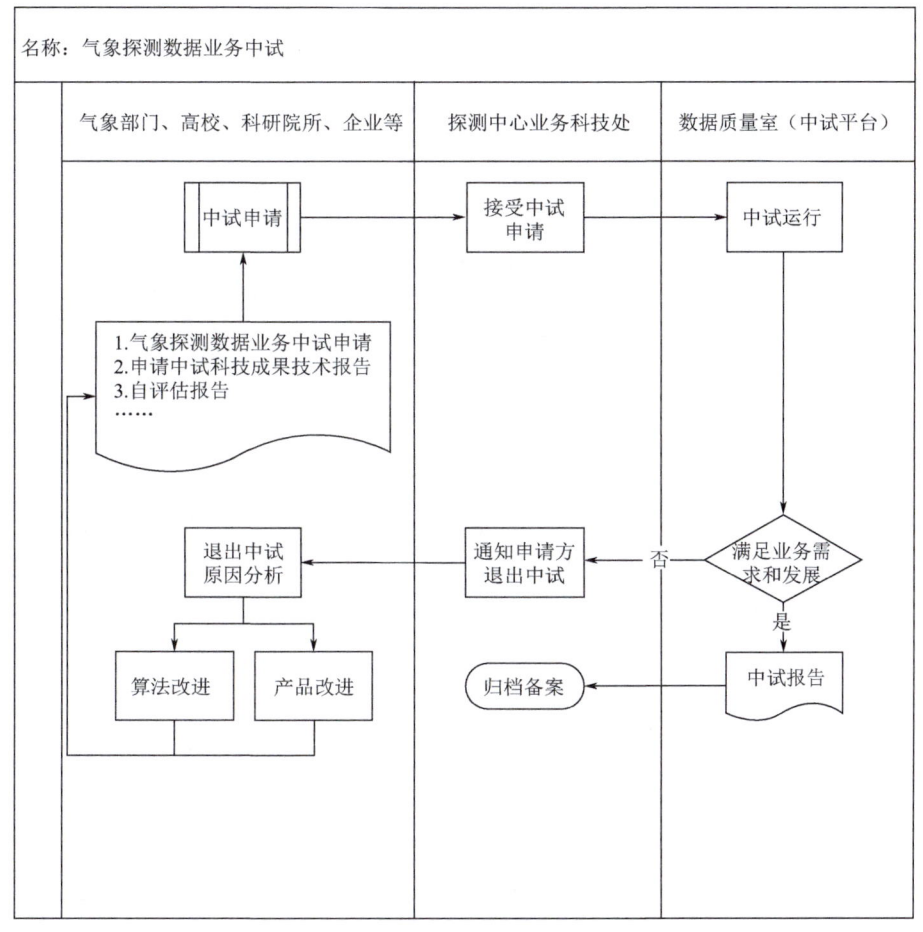

图1.1 气象探测数据业务中试流程图

中试平台的运行和管理是提高中试评价质量的重要措施。中国气象局气象探测中心制定了《中国气象局气象探测科技成果中试基地业务运行管理办法(试行)》《气象探测数据业务中试实施细则(试行)》和《数据业务中试人员遴选制度》等一系列制度。这些制度明确了中试任务的来源、平台功能、各部门职责和中试流程。中试评价流程规定和制度的不断完善，能有效提高中试评价的质量和效率。

第 2 章　中试产品质量评价指标体系

为贯彻落实中国气象局发布的《新型气象业务技术体制改革方案(2022—2025年)》，扎实推进气象科技成果转化的中试业务，做好数据产品中试检验评价工作，特制定本体系。

2.1　中试产品质量评价目标

通过建立完整的中试产品质量评价指标体系，实现对气象数据产品全流程的检验、评价和监控，科学客观地评价数据产品各个环节的质量，发现问题并促进改进。同时，也为数据产品的业务化运行提供检验和监控的能力，确保数据产品的可靠性，推进产品业务应用的发展。

2.2　中试产品质量评价流程

气象数据产品的质量评价是确保产品准确性和可靠性的关键环节。在气象观测业务中试平台部署的评估检验系统中，采用以下流程进行中试产品质量评价：

输入数据：获取待评价的气象数据产品，准备检验源数据和时效性、完整性评价指标等数据。

统计计算：利用插值方法将分析产品插值到观测点，采用双线性和自然相邻两种插值方法进行检验。使用统计方法计算产品的质量、时效等指标。量化产品与观测数据的差异，得出评价结果。

输出数据：生成检验评价结果和评估月报。将结果发布至业务内网，供相关人员查看和参考。

评估报告存储：将评估报告和历史评估结果存储在中试平台中。提供应用指导，以便用户了解产品的评估结果并进行相应的业务操作。

通过这一流程，我们能够及时发现和解决气象数据产品中存在的问题，确保产品的质量和性能满足用户需求,为用户提供可靠的气象服务。

2.3 中试产品质量评价方法

2.3.1 检验方式

2.3.1.1 独立检验

对未融合(同化)检验源数据的数据产品进行检验。一般用于数据产品研发过程中的检验评价。其中,独立检验数据源选取经质量控制后的2431个国家气象观测站观测数据。一般用于数据产品研发过程中综合评价检验。

2.3.1.2 非独立检验

对已经融合检验源数据的数据产品进行检验。一般用于数据产品历史回算数据集的综合评价业务。

2.3.2 统计方法

2.3.2.1 分检验源数据检验

分别使用各级别的观测站观测数据对数据产品进行检验:(1)国家级地面气象观测站;(2)省级地面气象观测站;(3)国家级地面气象观测站和省级地面气象观测站。

2.3.2.2 分区域检验

分别使用不同类型的区域划分对数据产品进行检验:(1)行政区域划分检验;(2)特征区划分检验;(3)单站划分检验。

2.3.2.3 分时间尺度检验

分别使用不同时间尺度划分对数据产品进行检验,如逐小时、逐日、逐月、逐年。

2.3.2.4 分垂直尺度检验

按标准气压层划分,选取特征层 925 hPa、850 hPa、700 hPa、500 hPa 数据进行评价。

2.4 中试产品质量评价指标

2.4.1 完整性检验指标

完整性检验指标,是评价数据中是否存在缺失、异常或矛盾的情况,包括缺测率、缺测时段等。

完整性＝实际到报个数/应到报个数×100％ (2-1)

2.4.2 误差统计类指标

误差统计类指标共 10 项,包含平均误差、均方根误差、平均绝对误差、相关系数、决定系数、标准差、中位数绝对偏差、比值比、粗差率、一致率。

2.4.2.1 平均误差指标

平均误差类指标用于评价观测数据与真实值之间的平均误差。这些指标包括平均误差(ME)、均方根误差(RMSE)和平均绝对误差(MAE)。

平均误差(ME):

$$ME = \frac{\sum_{i=1}^{N}(G_i - O_i)}{N} \quad (2\text{-}2)$$

平均误差(ME)评估产品的偏倚性,即预测值相对于实际观测值的系统误差平均值。正值表示预测值普遍高于实际观测值,负值则表示预测值普遍低于实际观测值。ME 为 0 表示预测值与实际观测值的平均差异没有偏向性,也就是无系统误差。

均方根误差(RMSE):

$$RMSE = \sqrt{\frac{\sum_{i=1}^{N}(G_i - O_i)^2}{N}} \quad (2\text{-}3)$$

均方根误差(RMSE)用来衡量观测数据与真实值之间的离散程度。与平均绝对误差(MAE)不同,RMSE 考虑了误差的平方,更加重视大误差的影响。RMSE 越小,说明观测数据的准确性越高,与真实值差距越小。

平均绝对误差(MAE):

$$MAE = \frac{\sum_{i=1}^{N}|G_i - O_i|}{N} \quad (2\text{-}4)$$

平均绝对误差(MAE)是用来评估观测数据与真实值之间平均偏离程度的指标。可以评估数据产品的准确性,比较不同产品性能,并衡量观测数据产品的准确性。

2.4.2.2 相关系数指标

相关系数类指标是用于评价变量之间关系的一类统计指标,包括相关系数(R)、决定系数(R^2)等。

相关系数(R):

$$R = \frac{\sum_{i=1}^{N}(G_i - \overline{G})(O_i - \overline{O})}{\sqrt{\sum_{i=1}^{N}(G_i - \overline{G})^2 \sum_{i=1}^{N}(O_i - \overline{O})^2}} \quad (2\text{-}5)$$

相关系数是一种常用的统计量,用于评价两个变量之间的线性相关性。它的取值范围在 −1 到 1 之间,其中 1 表示完全正相关,−1 表示完全负相关,0 表示无关。

决定系数(R^2):

$$R^2 = \left(\frac{\sum_{i=1}^{N}(G_i - \overline{G})(O_i - \overline{O})}{\sqrt{\sum_{i=1}^{N}(G_i - \overline{G})^2 \sum_{i=1}^{N}(O_i - \overline{O})^2}} \right)^2 \tag{2-6}$$

衡量模型的拟合优度:R^2 可以衡量一个模型对数据的拟合程度。它表示因变量的方差可以由自变量进行解释的比例。当 R^2 接近于 1 时,说明模型能够很好地解释因变量的变异;当 R^2 接近于 0 时,说明模型无法解释因变量的变异。

2.4.2.3 精度类指标

精度类指标可以帮助评价气象数据产品的准确性和可信度,即数据产品与观测数据之间的一致程度和可靠程度。通过计算精度类指标,可以评价数据产品中的误差、偏差和不确定性等因素,从而确定数据产品的可信度。

标准差(STD):

$$\text{STD} = \sqrt{\frac{\sum_{i=1}^{N}((G_i - O_i) - \overline{(G_i - O_i)})^2}{N}} \tag{2-7}$$

标准差可以用来衡量一组数据的离散程度或变异程度。标准差越大,表示数据的离散程度越大;标准差越小,表示数据的离散程度越小。通过计算标准差,可以了解数据的分布情况,从而对数据的特征进行分析和描述。

中位数绝对偏差(MAD):

$$\text{MAD} = \text{median}|G_i - O_i| \tag{2-8}$$

中位数绝对偏差(MAD)对于数据集中异常值的处理比标准差更具有弹性,可以大大减少少数异常值对于数据集的影响,突出数据集的整体性能,是一种对数据集离群值敏感的离散程度指标。通过计算 MAD,可以衡量数据相对于其中位数的离散程度。与标准差(STD)不同,MAD 不受极端值的影响,更能反映样本整体的离散程度。MAD 越大,表示数据的离散程度越大。

2.4.2.4 比值类指标

比值比(OR)是评价观测数据与真实值之间的比值关系,用于衡量两个数值之间的比例关系。将分子和分母相除得到比值比,可以看出其中一个数值相对于另一个数值的比例关系。比值比可以帮助我们理解不同数值之间的相对大小。

比值比(OR):

$$\text{OR} = \overline{G}/\overline{O} \tag{2-9}$$

2.4.2.5 粗差类指标

粗差(CDR)是指数据产品与观测数据的对比差值($X_i = G_i - O_i$)与月对比差值平均值之差的绝对值大于 3 倍标准差的数据。逐个检查对比差值,若有 $|X_i - \overline{X}| > 3\sigma$ 时,剔

除其中一个最大的粗差，重新计算新的标准差 σ；重复上述过程，一直到没有数据需要剔除为止。被剔除的个数为粗差次数 $n(|X_i-\overline{X}|>3\sigma)$。

粗差率（CDR）：

$$\text{CDR}=\frac{n(|X_i-\overline{X}|>3\sigma)}{N} \quad (2-10)$$

$$\sigma=\sqrt{\frac{1}{N}\sum_{i=1}^{N}(G_i-\overline{G})^2} \quad (2-11)$$

2.4.2.6 一致性类指标

一致率（CR）反映实况产品与地面站观测数据相一致的程度，具体为对比差值与月对比差值平均值之差的绝对值小于 2 倍标准差的数据。

一致率（CR）：

$$\text{CR}=\frac{n(|X_i-\overline{X}|<2\sigma)}{N} \quad (2-12)$$

2.4.3 传统检验评分

传统检验评分是气象数据中试中的一项重要指标，它充分依托气象学和统计学的理论基础，用于评价气象数据产品的质量和准确性，它包含了技巧评分（TS）、相当技巧评分（ETS）、命中率/探测率（POD）、空报率/误报率/虚警率（FAR）、成功率（SR）、漏报率（MR）、偏差率/频率偏差（BIAS）和综合评分。传统检验评分基于观测和实况按类别分类后列出的频数表统计，该表称为列联表，如表 2.1 所示。

表 2.1 二分类列联表

实况（G）	观测（O）		总计
	是（Y）	否（N）	
是（Y）	命中（NA）	误报（NB）	实况"是"总数
否（N）	漏报（NC）	命中"否"（ND）	实况"否"总数
总计	观测"是"总数	观测"否"总数	总数

2.4.3.1 技巧评分（TS）

每时次的 TS 计算公式为：

$$\text{TS}=\frac{\text{NA}}{\text{NA}+\text{NB}+\text{NC}} \quad (2-13)$$

指定时间段内的 TS 计算公式为：

$$TS = \frac{\sum NA}{\sum NA + \sum NB + \sum NC} \tag{2-14}$$

2.4.3.2 相当技巧评分（ETS）

每时次的 ETS 计算公式为：

$$ETS = \frac{NA - R(a)}{NA + NB + NC - R(a)} \tag{2-15}$$

$$R(a) = \frac{(NA + NB) \times (NA + NC)}{NA + NB + NC + ND} \tag{2-16}$$

指定时间段内的 ETS 计算公式为：

$$ETS = \frac{\sum NA - R(a)}{\sum NA + \sum NB + \sum NC - R(a)} \tag{2-17}$$

$$R(a) = \frac{\left(\sum NA + \sum NB\right) \times \left(\sum NA + \sum NC\right)}{\sum NA + \sum NB + \sum NC + \sum ND} \tag{2-18}$$

2.4.3.3 命中率/探测率（POD）

每时次的 POD 计算公式为：

$$POD = \frac{NA}{NA + NC} \tag{2-19}$$

指定时间段内的 POD 计算公式为：

$$POD = \frac{\sum NA}{\sum NA + \sum NC} \tag{2-20}$$

2.4.3.4 空报率/误报率/虚警率（FAR）

每时次的 FAR 计算公式为：

$$FAR = \frac{NB}{NA + NB} \tag{2-21}$$

指定时间段内的 FAR 计算公式为：

$$FAR = \frac{\sum NB}{\sum NA + \sum NB} \tag{2-22}$$

2.4.3.5 成功率（SR）

SR 计算公式为：

$$SR = 1 - FAR \tag{2-23}$$

2.4.3.6 漏报率（MR）

每时次的 MR 计算公式为：

$$MR = \frac{NC}{NA + NC} \quad (2\text{-}24)$$

指定时间段内的 MR 计算公式为：

$$MR = \frac{\sum NC}{\sum NA + \sum NC} \quad (2\text{-}25)$$

2.4.3.7 偏差率/频率偏差（BIAS）

每时次的 BIAS 计算公式为：

$$BIAS = \frac{NA + NB}{NA + NC} \quad (2\text{-}26)$$

指定时间段内的 BIAS 计算公式为：

$$BIAS = \frac{\sum NA + \sum NB}{\sum NA + \sum NC} \quad (2\text{-}27)$$

注：$\sum NA$、$\sum NB$、$\sum NC$、$\sum ND$ 分别是 NA、NB、NC、ND 各指定时间段内的总和。

2.4.4 分级检验指标

2.4.4.1 降水分级指标

降水预报偏差 BIAS 衡量了与预报降水出现频数和观测降水出现频数的比值，是一种二分类要素的检验方法，在某一个格点或是站点上，通过实况判断一个事件发生与否，以检验预报，得到预报准确、空报和漏报，范围从 0 到无穷，BIAS＞1，表示模式预报降水范围大于观测降水范围，反之观测降水范围大于预报降水范围，取 1 是评分最优。

逐小时降水量的分级情况如表 2.2 所示。

表 2.2 逐小时降水量等级划分表

等级	逐小时降水量/mm
小雨	0.1～1.9
中雨	2.0～4.9
大雨	5.0～9.9
暴雨	10.0～19.9
大暴雨	≥20.0

注：引自《全国智能网格气象预报业务规定（试行）》（气预函〔2017〕36 号）。

逐小时、3小时、24小时累积降水,检验各级误差情况。逐小时降水量分为0.1～1.9 mm、2.0～4.9 mm、5.0～9.9 mm、10.0～19.9 mm、20 mm及以上5个级别;3小时累积降水、24小时累积降水的分级如表2-3、表2-4所示。

表 2.3　降水等级划分表

用语	3小时降水量/mm	24小时降水量/mm
小雨	0.1～2.9	0.1～9.9
中雨	3.0～9.9	10.0～24.9
大雨	10.0～19.9	25.0～49.9
暴雨	20.0～49.9	50.0～99.9
大暴雨	50.0～69.9	100.0～249.9
特大暴雨	≥70.0	≥250.0

注:引自《全国智能网格气象预报业务规定(试行)》(气预函〔2017〕36号)。

新疆维吾尔自治区分级及累积降水参照降级检验的等级划分(表2.2—表2.4)

表 2.4　降级检验的省区等级划分表

用语	3小时降水量/mm	24小时降水量/mm
小雨	—	0.1～6.0
中雨	—	6.1～12.0
大雨	—	12.1～24.0
暴雨	—	24.1～48.0
大暴雨	—	≥48.1
特大暴雨	—	—

注:引自《全国智能网格气象预报业务规定(试行)》(气预函〔2017〕36号)。

等级均方根误差:

$$\mathrm{RMSE}_k = \sqrt{\frac{\sum_{i=1}^{N}(G_i - O_i)^2 [O_i \geqslant L_k][O_i < U_k]}{\sum_{i=1}^{N}[O_i \geqslant L_k][O_i < U_k]}} \qquad (2\text{-}28)$$

TS评分:

$$\mathrm{TS}_k = \frac{\sum_{i=1}^{N}[G_i \geqslant L_k][O_i \geqslant L_k]}{\sum_{i=1}^{N}([G_i \geqslant L_k] + [G_i < L_k][O_i \geqslant L_k])} \tag{2-29}$$

式中,k 代表降水分级检验等级,U_k 为第 k 个降水等级区间的上界,L_k 为第 k 个降水等级区间的下界,式中 [ ] 代表逻辑转数值的运算符,逻辑值为正时取 1,否则取 0。

注:N 为观测台站个数,i 为台站序号,G_i 为实况产品插值到检验站点得到的数值,其平均值为 $\overline{G}$;O_i 为观测站实测值,其平均值为 $\overline{O}$。

2.4.4.2 能见度等级指标

能见度等级包括 10 个等级,详见表 2.5,参考《地面气象观测规范:能见度》(GB/T 35223—2017)。

表 2.5 能见度等级划分表

能见度等级	天气状况	气象视距/km
0	极雾天气	<0.05
1	浓雾	0.05~0.20
2	中雾	0.20~0.50
3	轻雾	0.50~1.00
4	薄雾	1.00~2.00
5	霾	2.00~4.00
6	轻霾	4.00~10.00
7	晴	10.00~20.00
8	很晴	20.00~50.00
9	十分晴	>50.00
—	纯空气分子	277

评价指标

能见度视距等级准确率:

$$\mathrm{AC}_k = \frac{\mathrm{NR}_k}{\mathrm{NF}_k} \tag{2-30}$$

能见度视距等级偏晴率:

$$FS_k = \frac{NS_k}{NF_k} \tag{2-31}$$

能见度视距等级偏雾率：

$$FW_k = \frac{NW_k}{NF_k} \tag{2-32}$$

式(2-30)—(2-32)中，k 代表能见度视距分级检验等级，NR_k 为 k 等级下能见度视距等级检验正确站数，NS_k 为 k 等级下能见度视距等级检验偏晴站数，NW_k 为 k 等级下能见度视距等级检验偏雾站数，NF_k 为 k 等级下能见度视距等级检验总站数。

2.4.4.3 风速风向分级指标

（1）风速检验

风速按蒲氏风力等级进行检验。

风速准确率：

$$AC_s = \frac{\sum_{i=1}^{k} NR_{si}}{NF} \tag{2-33}$$

风速偏强率：

$$FS_s = \frac{\sum_{i=1}^{k} NS_{si}}{NF} \tag{2-34}$$

风速偏弱率：

$$FW_s = \frac{\sum_{i=1}^{k} NW_{si}}{NF} \tag{2-35}$$

式(2-33)—(2-35)中，NR_{si} 为第 i 级风力正确的站(次)数，表示实况风速和观测风速在同一等级(如实况风力为 4~5 级，观测为 4 级或 5 级)；NS_{si} 为第 i 级风力偏强的站(次)数，表示实况风速大于观测风速等级；NW_{si} 为第 i 级风力偏弱的站(次)数，表示实况风速小于观测风速等级；NF 为总站(次)数。K 为风速等级，为 0~9。

风速评分：

$$SC_s = \frac{\sum SC_{si}}{NF} \tag{2-36}$$

式中，SC_{si} 为第 i 个站风速得分，NF 为实况总站(次)数。SC_{si} 得分计算见风速评分对照表(表 2.6)，当一个样本的实况和观测风速等级正好相同时，得 1 分；等级差 1 级，得 0.6 分；等级差 2 级，得 0.4 分；否则不得分。

表 2.6 风速评分对照表

风力分级	观测风速/(m·s^{-1})	≤3	3~4	4~5	5~6	6~7	7~8	8~9	9~10	10~11	11~12
0	0.0~0.2	1	0	0	0	0	0	0	0	0	0
1	0.3~0.8	1	0	0	0	0	0	0	0	0	0
	0.9~1.5	1	0	0	0	0	0	0	0	0	0

续表

风力分级	观测风速/(m·s^{-1})	≤3	3～4	4～5	5～6	6～7	7～8	8～9	9～10	10～11	11～12
2	1.6～2.4	1	0.4	0	0	0	0	0	0	0	0
	2.5～3.3	1	0.6	0	0	0	0	0	0	0	0
3	3.4～4.3	1	1	0.4	0	0	0	0	0	0	0
	4.4～5.4	1	1	0.6	0	0	0	0	0	0	0
4	5.5～6.6	0.6	1	1	0.4	0	0	0	0	0	0
	6.7～7.9	0.4	1	1	0.6	0	0	0	0	0	0
5	8.0～9.3	0	0.6	1	1	0.4	0	0	0	0	0
	9.4～10.7	0	0.4	1	1	0.6	0	0	0	0	0
6	10.8～12.2	0	0	0.6	1	1	0.4	0	0	0	0
	12.3～13.8	0	0	0.4	1	1	0.6	0	0	0	0
7	13.9～15.4	0	0	0	0.6	1	1	0.4	0	0	0
	15.5～17.1	0	0	0	0.4	1	1	0.6	0	0	0
8	17.2～18.9	0	0	0	0	0.6	1	1	0.4	0	0
	19.0～20.7	0	0	0	0	0.4	1	1	0.6	0	0
9	20.8～22.5	0	0	0	0	0	0.6	1	1	0.4	0
	22.6～24.4	0	0	0	0	0	0.4	1	1	0.6	0
10	24.5～26.4	0	0	0	0	0	0	0.6	1	1	0.4
	26.5～28.4	0	0	0	0	0	0	0.4	1	1	0.6
11	28.5～30.5	0	0	0	0	0	0	0	0.6	1	1
	30.6～32.6	0	0	0	0	0	0	0	0.4	1	1

续表

风力分级	观测风速/ $(m \cdot s^{-1})$	≤3	3~4	4~5	5~6	6~7	7~8	8~9	9~10	10~11	11~12
12	32.7~34.7	0	0	0	0	0	0	0	0	0.6	1
	34.8~36.9	0	0	0	0	0	0	0	0	0.4	1
	≥37.0	0	0	0	0	0	0	0	0	0	1

(2)风向检验

(a)风向按8方位的划分进行检验。

风向准确率：
$$AC_d = \frac{\sum_{i=1}^{k} NR_{di}}{NF} \tag{2-37}$$

式中，NR_{di} 为对第 i 个方位正确的站(次)数，NF 为总站(次)数，K 为 1—8，其中，1—8 代表 8 个方位。

当实况风向中心角度与观测风向角度差在±22.5°内，则为正确，否则为错误。详见风向评分对照表(表2.7)中标值为1的情况。

风向评分：
$$SC_d = \frac{\sum SC_{di}}{NF} \tag{2-38}$$

式中，SC_{di} 为第 i 个站风向得分，NF 为总站(次)数。SC_{di} 得分计算见风向评分对照表(表2.7)。

表 2.7 风向评分对照表

实况观测	北	东北	东	东南	南	西南	西	西北	旋转风
0.0°~22.5°	1	0.6	0	0	0	0	0	0	—
22.5°~45.0°	0.6	1	0	0	0	0	0	0	—
45.0°~67.5°	0	1	0.6	0	0	0	0	0	—
67.5°~90.0°	0	0.6	1	0	0	0	0	0	—
90.0°~112.5°	0	0	1	0.6	0	0	0	0	—
112.5°~135.0°	0	0	0.6	1	0	0	0	0	—
135.0°~157.5°	0	0	0	1	0.6	0	0	0	—
157.5°~180.0°	0	0	0	0.6	1	0	0	0	—

续表

实况观测	北	东北	东	东南	南	西南	西	西北	旋转风
180.0°~202.5°	0	0	0	0	1	0.6	0	0	—
202.5°~225.0°	0	0	0	0	0.6	1	0	0	—
225.0°~247.5°	0	0	0	0	0	1	0.6	0	—
247.5°~270.0°	0	0	0	0	0	0.6	1	0	—
270.0°~292.5°	0	0	0	0	0	0	1	0.6	—
292.5°~315.0°	0	0	0	0	0	0	0.6	1	—
315.0°~337.5°	0.6	0	0	0	0	0	0	1	—
337.5°~360.0°	1	0	0	0	0	0	0	0.6	—

(b)风向是 0 到 360°的循环的标量,其误差的绝对值不会超过 180°,针对风向的误差应为:

$$\mathrm{Err} = \begin{cases} G_i - O_i, & |G_i - O_i| \leqslant 180 \\ (G_i - O_i)\left(1 - \dfrac{360}{|G_i - O_i|}\right), & |G_i - O_i| > 180 \end{cases} \tag{2-39}$$

平均误差(ME):

$$\mathrm{ME} = \frac{1}{N}\sum_{i=1}^{N}\mathrm{Err} \tag{2-40}$$

平均绝对误差(MAE):

$$\mathrm{MAE} = \frac{1}{N}\sum_{i=1}^{N}|\mathrm{Err}| \tag{2-41}$$

均方根误差(RMSE):

$$\mathrm{RMSE} = \sqrt{\frac{1}{N}\sum_{i=1}^{N}\mathrm{Err}^2} \tag{2-42}$$

式(2-39)—(2-42)中,O_i 为站点观测值,G_i 为实况产品插值到检验站点得到的数值,N 为参与检验的总样本数(站次数)。

当观测风速为≤3 级时,只对风速进行检验,不对风向进行检验。在风综合检验中,记为风向正确,只检验风速是否正确。

当风向为旋转风时,统计时效内各正点观测记录的 10 分钟平均风向,当出现 3 个及以上相互间风向差绝对值均≥45°且其中必须有两个风向差绝对值≥135°,记为风向正确,否则记为错误。

(c)将组合风场产品的风向、风速转换为 U、V 分量后,计算 U、V 分量的标准差

(STD)和相关系数(R),将每个单站的 U、V 评估结果进行综合评判作为每个站的最终质量结果。

$$\begin{cases} STD \leqslant 5 \text{ 且 } R \geqslant 0.5 & （良） \\ STD > 5 \text{ 或 } R < 0.5 & （差） \end{cases}$$

2.5 中试产品质量评价指标分类展示

气象观测业务中试平台根据《国家级综合气象观测产品体系设计方案》提出的"三层三段六类六级"的"3366"产品体系,对2022年中试产品按L2~L4级观测产品序列进行分类,并展示各产品所采用的评价指标。

表 2.8 中列出 L2 组网产品、L3 多源组合产品和 L4 多源融合产品这三个类别下 22 种产品的评价指标。其中包括完整性评价、误差统计、传统评分和分级指标等各种指标。气象观测业务中试平台通过使用附表中的评价指标,检验观测产品质量的详细信息,能够对观测产品进行综合评价,以提高产品的质量。

表 2.8 2022 年中试产品质量评价指标分类展示汇总表

编码	产品类别	产品名称	完整性	误差统计	传统评分	分级指标
L2	组网产品	秒级探空(A、SI、TT、TQG、SWEAT 指数)	完整性	ME、RMSE、MAE、R		
L3	多源组合	组合风场	完整性	ME、RMSE、STD、R		风速按蒲氏风力等级评估;风向按8方位评估
		三维实况气温	完整性	ME、RMSE、MAE、R^2		
		三维实况相对湿度	完整性	ME、RMSE、MAE、R^2		
		三维实况高空风	完整性	ME、RMSE、MAE、R		风速按蒲氏风力等级评估;风向按8方位评估
		全球实况气温	完整性	ME、RMSE、MAE、R^2		
		全球实况相对湿度	完整性	ME、RMSE、MAE、R^2		
		全球实况地面风	完整性	ME、RMSE、MAE、R		风速按蒲氏风力等级评估;风向按8方位评估

续表

编码	产品类别	产品名称	完整性	误差统计	传统评分	分级指标
L4	多源融合	降水	完整性	ME、RMSE、MAE、R	TS、POD、FAR、SR、MR、BIAS	逐小时/24 小时降水量分级评估
		能见度	完整性	RMSE、R、MAD、OR、CDR、CR		能见度视距等级评估
		地面风	完整性	ME、RMSE、MAE、R		风速按蒲氏风力等级评估；风向按8方位评估
		气压	完整性	ME、RMSE、MAE、R^2		
		气温	完整性	ME、RMSE、MAE、R^2		
		相对湿度	完整性	ME、RMSE、MAE、R^2		
		海温	完整性	ME、RMSE、MAE、R、STD		
		总云量	完整性	ME、RMSE、R、CR	TS、POD、FAR、SR、MR、BIAS	
		土壤水分	完整性	ME、RMSE、MAE		

第 3 章 中试产品质量评价指标体系应用分析

2022 年中试平台建立中试产品质量评价体系,建设完成 9 类 38 种产品检验模块,本书选取 2022 年评估产品中地面实况产品、三维实况产品、秒级探空产品、组网产品共 4 类 11 种(表 3.1),产品进行应用分析展示,其中包含降水、气温、气压、相对湿度、能见度、地面风等要素。现以中试产品质量评估体系为序列展开各产品的应用分析示例。

表 3.1 2022 年中试产品质量评价指标应用产品汇总表

序号	产品类别	产品名称	产品数量
1	地面实况	实况降水	1
		能见度	1
		地面风	1
2	三维实况	温度	1
		相对湿度	1
3	秒级探空	A 指数	1
		SI 指数	1
		TT 指数	1
		通气管指数(TQG)	1
		强天气威胁指数(SWEAT)	1
4	组网产品	组合风场产品	1

3.1 完整性检验指标应用分析

计算方法:完整性=实际到报个数/应到报个数×100%

地面实况产品基于 2022 年 1 月 1 日至 12 月 31 日共计 365 天地面实况小时观测

第 3 章 中试产品质量评价指标体系应用分析

资料的降水量、能见度、地面风要素进行评估,数据源均来自天擎质控后的 2431 个国家气象观测站的中国地面逐小时观测数据(资料代码:SURF_CHN_MUL_HOR),评价对象为多源融合降水实况分析产品(MOC_3km_PCP)、精细化能见度格点产品(MOC_10km_VIS)和实况分析场地面风产品(MOC_3km_UV)。分别以过去 1 小时降水量要素,10 分钟水平能见度要素,2 分钟平均风向风速要素数据进行评价,产品评价结果如表 3.2 所示。

表 3.2 产品完整性评价

产品名称	应到数/个	实到数/个	完整性
多源融合降水实况分析产品(MOC_3km_PCP)	8760	8708	99.0%
精细化能见度格点产品(MOC_10km_VIS)	8760	8596	98.1%
实况分析场地面风产品(MOC_3km_UV)	8760	8736	99.7%

通过文件采集程序统计得到结果显示,地面实况降水量、能见度、地面风要素产品 1—12 月份文件完整性分别为 99.0%、98.1%、99.7%,地面实况产品完整性评价为表现良好。

3.2 误差统计类指标应用分析

误差统计类指标广泛应用于气象观测业务产品评价。通过对气象产品与观测数据之间的差异进行分析和量化,旨在评估气象产品的准确性和可靠性。这些指标可以用于不同类型的气象产品评价,本书以三维实况产品和秒级探空产品为例进行评价应用分析。

3.2.1 三维实况产品应用分析

三维实况产品是指基于气象观测数据和数值模式输出数据生成的具有空间和时间分布特征的气象要素产品。在评价三维实况产品时,选用了平均误差(ME)、均方根误差(RMSE)和平均绝对误差(MAE)、决定系数(R^2)指标对气温、相对湿度要素产品进行评价,可以用于衡量要素产品在垂直和水平维度上与观测数据的差异程度。

3.2.1.1 气温要素产品应用评价分析

以国家高空气象观测站的观测资料对 2022 年的三维实况气温要素产品进行评价,评价数据为整体数据(100~1100 hPa 全部层数据)、特征层(925 hPa、850 hPa、700 hPa、500 hPa 数据)。整体数据评价结果显示平均误差(ME)0.20℃、均方根误差(RMSE)

1.11℃、平均绝对误差(MAE)0.78℃、决定系数(R^2)1.0,特征层 500 hPa 评价结果表现良好,500 hPa 以下偏差依次增大。评价结果具体情况如表 3.3 所示。

表 3.3　三维实况气温产品评价

序号	气压层	ME/℃	RMSE/℃	MAE/℃	R^2
1	整体	0.20	1.11	0.78	1.0
2	500 hPa	0.04	0.89	0.65	0.99
3	700 hPa	0.32	1.19	0.84	0.99
4	850 hPa	0.38	1.27	0.94	0.99
5	925 hPa	0.42	1.39	1.02	0.99

对整体数据及特征层数据进行逐月分析,整体数据均方根误差(RMSE)全年评价结果在 1.0~1.2℃,说明整体数据与真实值偏离程度较小且稳定。特征层 500 hPa 评价结果表现良好,700 hPa、850 hPa 高度层 4—10 月表现较好,925 hPa 偏离程度较大,4—10 月偏离程度高于其他月份。具体评价结果如图 3.1 所示。

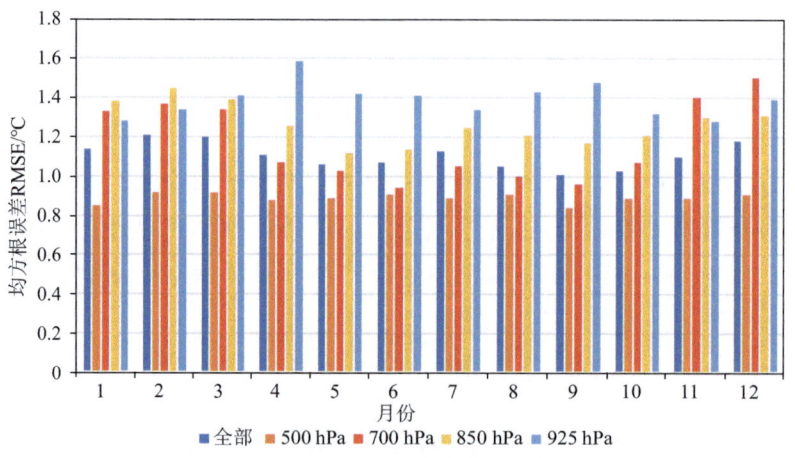

图 3.1　三维实况气温要素产品逐月评价结果——RMSE

对整体数据及特征层数据进行逐月分析,整体数据决定系数(R^2)全年评价结果维持在 1.0,说明整体数据与真实值相关度高且稳定。特征层 500 hPa 评价结果表现良好,4—10 月 500 hPa 以下层相关度略微降低,925 hPa 决定系数(R^2)7 月降到 0.87。具价评价结果如图 3.2 所示。

对整体数据进行站点分析,整体数据均方根误差(RMSE)全年评价结果大部分站点在 2℃以内(淡蓝色标识站点),说明各站点数据与真实值差距小。均方根误差

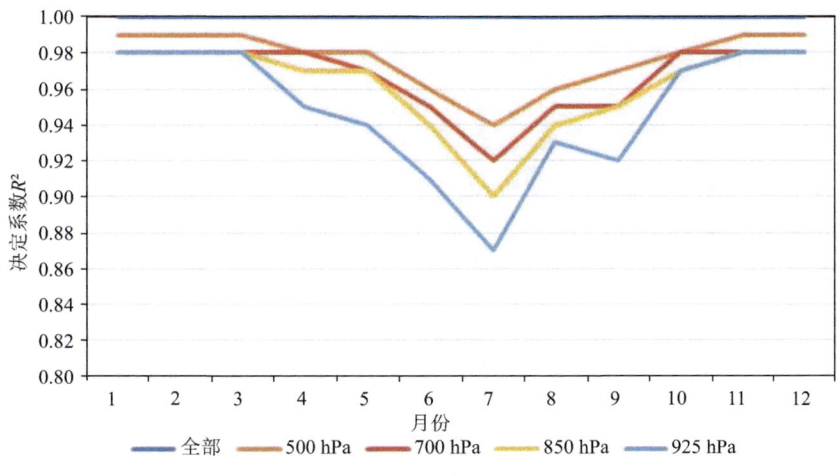

图 3.2 三维实况气温要素产品逐月评价结果——R^2

(RMSE)0.0~1.0℃(绿色标识站点),新疆、内蒙古、东北、沿海沿线、云南等站点表现良好。具体评价结果如图 3.3 所示。

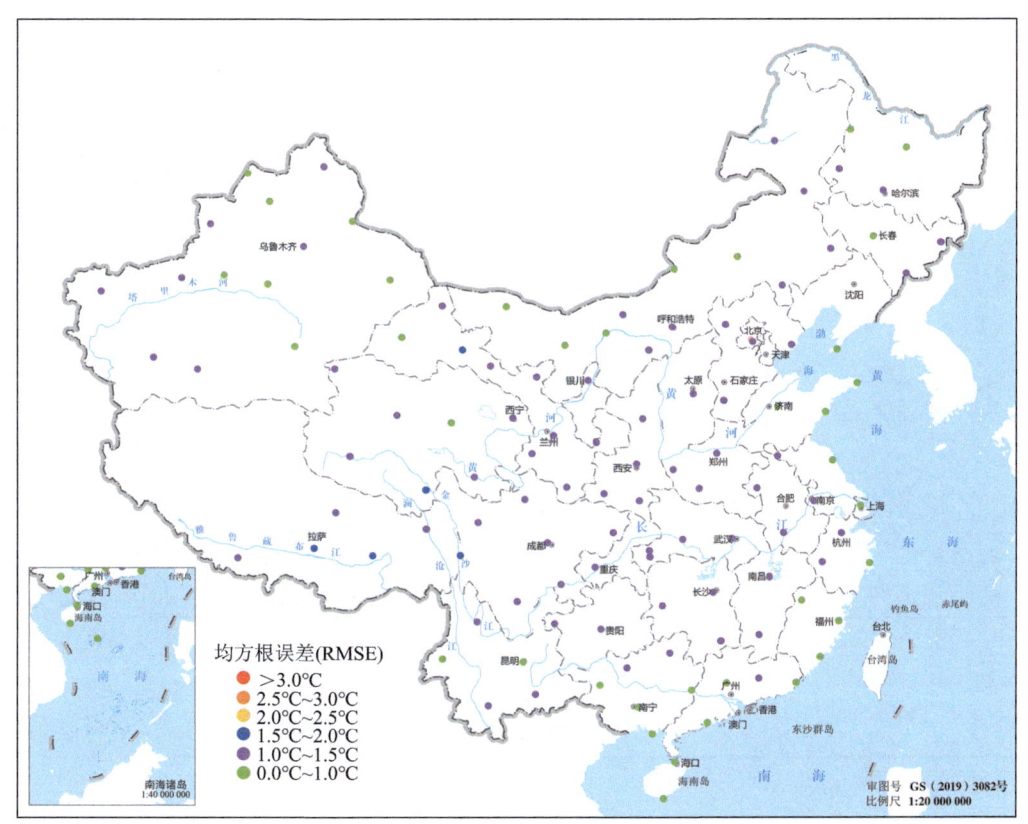

图 3.3 三维实况气温产品均方根误差(RMSE)所有层散点图

对整体数据进行站点分析,整体数据决定系数(R^2)全年评价结果为 0.8～1.0(绿色标识站点),说明各站点数据与真实值相关度高且稳定。全部站点表现良好。具体评价结果如图 3.4 所示。

3.2.1.2 相对湿度要素产品应用评价分析

以国家高空气象观测站的观测资料对 2022 年的三维实况相对湿度要素产品进行评价,评价数据为整体数据(100～1100 hPa 全部层数据)、特征层数据(925 hPa、850 hPa、700 hPa、500 hPa 数据)。整体数据评价结果显示平均误差(ME)7.12%、均方根误差(RMSE)23.93%、平均绝对误差(MAE)16.39%、决定系数(R^2)0.62。特征层 700 hPa、850 hPa 评价结果表现良好,500 hPa、925 hPa 评价结果次之。具体情况如表 3.4 所示。

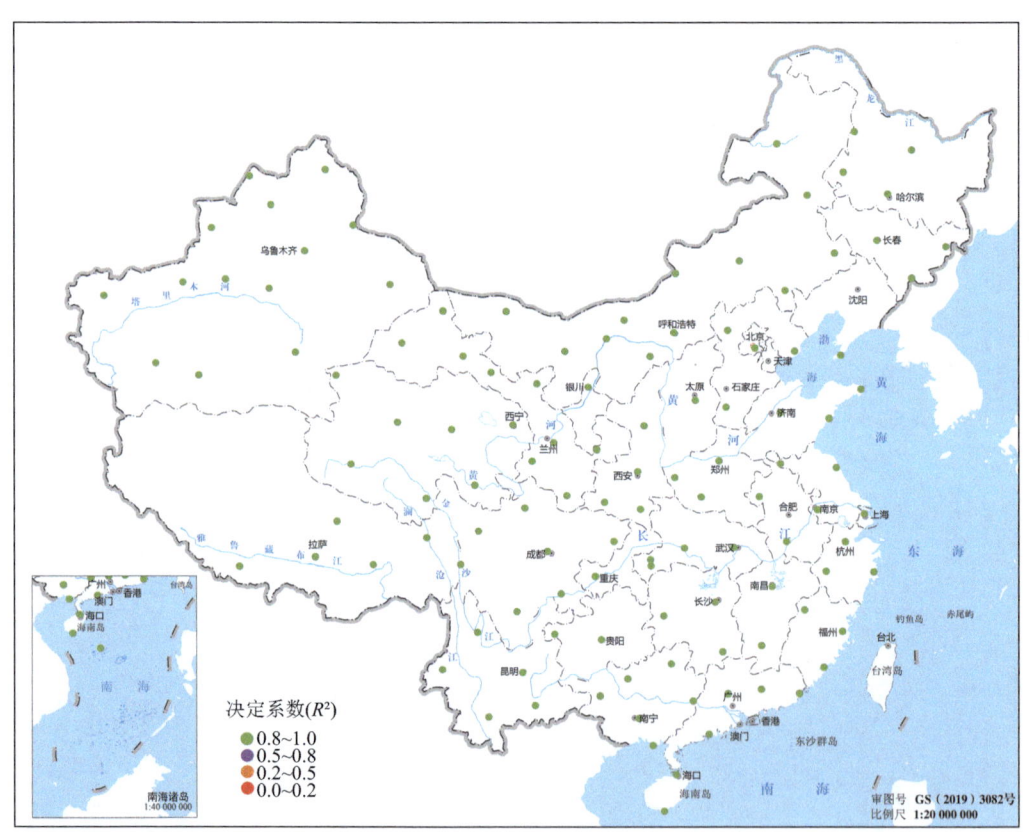

图 3.4　三维实况气温要素产品决定系数(R^2)所有层散点图

表 3.4　三维实况相对湿度要素产品评估情况

序号	气压层	ME/%	RMSE/%	MAE/%	R^2
1	全部	7.12	23.93	16.39	0.62

续表

序号	气压层	ME/%	RMSE/%	MAE/%	R^2
2	500 hPa	2.12	23.17	17.05	0.60
3	700 hPa	0.25	17.0	12.07	0.71
4	850 hPa	0.91	13.82	9.90	0.77
5	925 hPa	1.36	13.31	9.63	0.72

对整体数据及特征层数据进行逐月分析，整体数据平均误差（ME）全年评价结果在3.0%～10.0%，说明整体数据与真实值偏离程度较小，7—8月表现良好。特征层平均误差（ME）评价结果表现良好，500 hPa 高度层 1—2月和12月偏差在5.0%～10.0%，表现次之。具体评价结果如图3.5所示。

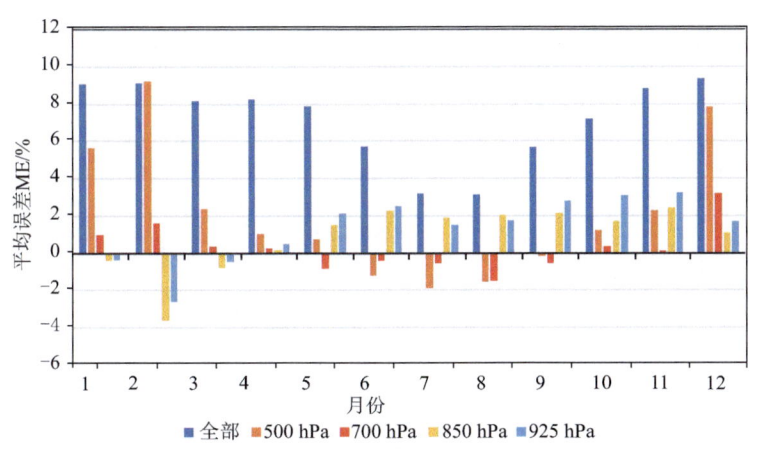

图 3.5　三维实况相对湿度要素产品逐月评价结果——ME

对整体数据及特征层数据进行逐月分析，整体数据决定系数（R^2）全年评价结果维持在0.6左右，说明整体数据与真实值相关度一般。特征层700 hPa、850 hPa、925 hPa 评价结果表现较好，500 hPa 评价结果表现次之。具体评价结果如图3.6所示。

对特征层700 hPa 数据进行站点分析，特征层700 hPa 数据平均误差（ME）全国站点评价结果在-4%～6%，内蒙古、东北、华北、华中、华东、华南区域站点大部分评价结果在-2%～2%（紫色、绿色标识站点），表现良好，说明各站点数据与真实值偏差小；小部分站点评价结果在-4%～-2%、2%～4%（橙色、蓝色标识站点），说明站点数据与真实值有偏差，评价表现次之。具体评价结果如图3.7所示。

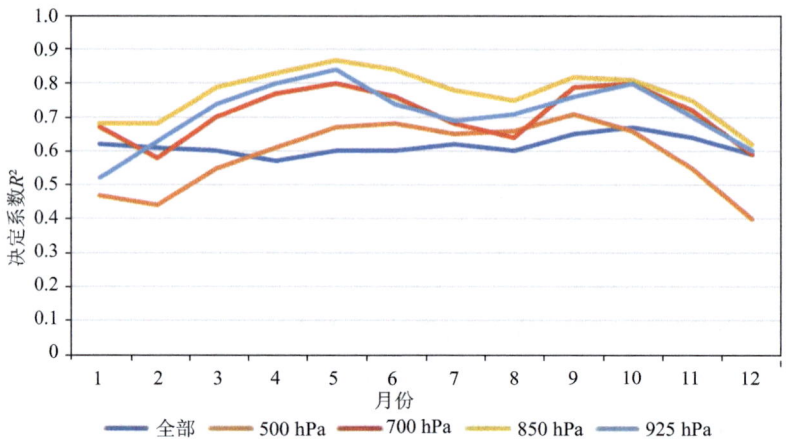

图 3.6　三维实况相对湿度要素产品逐月评价结果——R^2

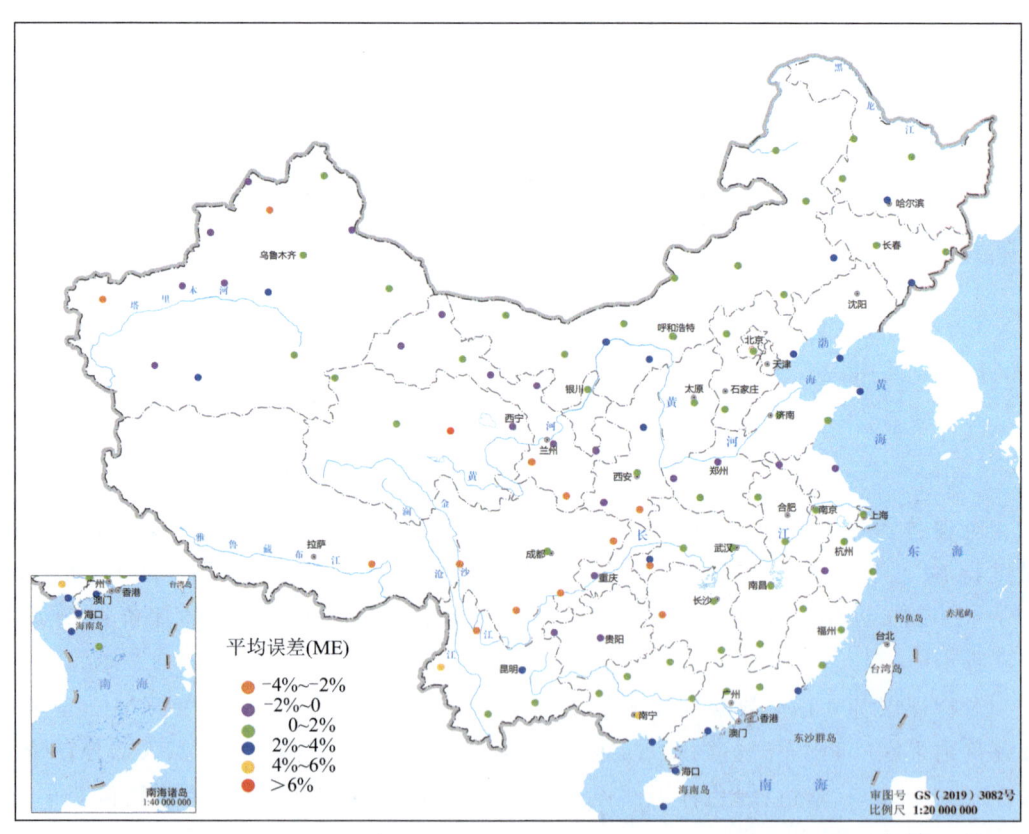

图 3.7　三维实况相对湿度要素产品特征层 700 hPa 平均误差（ME）散点图

对特征层 850 hPa 进行站点分析,特征层 850 hPa 决定系数(R^2)全部站点评价结果在 0.2~1.0,内蒙古北部、黑龙江、甘肃部分站点评价结果在 0.8~1.0(绿色标识站点),说明这部分站点数据与真实值相关性表现良好;全国大部分区域站点评价结果在 0.5~0.8(紫色标识站点),说明各站点数据与真实值相关性表现较好。特征层 850 hPa 站点数据与真实值相关性整体表现良好,分析具体评价结果如图 3.8 所示。

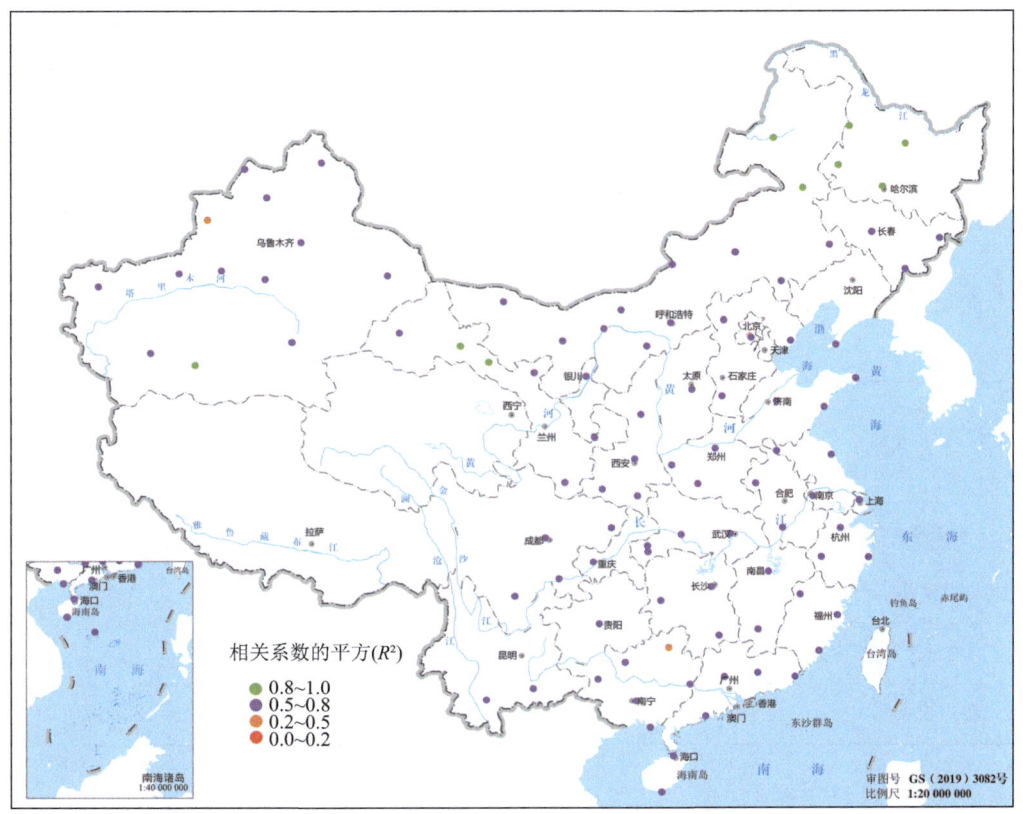

图 3.8　三维实况相对湿度要素产品特征层 850 hPa 决定系数(R^2)散点图

3.2.2　秒级探空产品应用分析

针对 2022 年国内秒级探空指数产品(每天 08 时、20 时)进行评价,评价产品包含 L 波段秒级探空 A 指数、SI 指数、TT 指数、通气管指数(TQG)和强天气威胁指数(SWEAT),将 MICAPS 业务探空数据生成的产品作为"真值",将秒级探空数据生成的产品作为"检验数据",评估指标为均方根误差(RMSE)、平均绝对误差(MAE)、平均误差(ME)和相关系数(R)。

3.2.2.1 秒级探空要素产品年度评价分析

年评价结果显示,秒级探空指数产品与 MICAPS 业务探空数据生成的产品具有很高的相关性,相关系数均在 0.99 以上,最大值为 1,说明秒级探空指数产品在反映真实情况上具有较高的准确性和一致性。

针对具体的指数产品评价结果进行分析,A 指数产品均方根误差(RMSE)为 1.07℃,平均绝对误差(MAE)为 0.29℃,平均误差(ME)为 −0.16℃,表现较好。SI 指数产品的均方根误差(RMSE)为 0.74℃,平均绝对误差(MAE)为 0.28℃,平均误差(ME)为 −0.02℃,也表现较为理想。TT 指数产品的均方根误差(RMSE)为 1.02℃,平均绝对误差(MAE)为 0.15℃,平均误差(ME)为 −0.01℃,在评价结果中表现良好。

然而,通气管指数(TQG)产品的均方根误差(RMSE)为 58.09℃,平均绝对误差(MAE)为 3.6℃,平均误差(ME)为 0.12℃,误差值较大,需要进一步优化改进,以提高产品的精度和一致性。同样,强天气威胁指数(SWEAT)产品的均方根误差(RMSE)为 13.1 $m^2 \cdot s^{-2}$,平均绝对误差(ME)为 2.52 $m^2 \cdot s^{-2}$,平均误差(ME)为 2.24 $m^2 \cdot s^{-2}$,也存在一定的改进空间。详细数据见表 3.5。

表 3.5 秒级探空指数产品评价结果

评价指标	指数产品				
	A/℃	SI/℃	TT/℃	TQG/℃	SWEAT/($m^2 \cdot s^{-2}$)
相关系数(R)	1.0	0.99	0.99	1.0	0.99
均方根误差(RMSE)	1.07	0.74	1.02	58.09	13.1
平均绝对误差(MAE)	0.29	0.28	0.15	3.6	2.52
平均误差(ME)	−0.16	−0.02	−0.01	0.12	2.24

3.2.2.2 秒级探空要素产品月度评价分析

对秒级探空指数产品进行 2022 年 1—12 月共计 12 个月逐月评价,如图 3.9 所示,结果显示 A 指数、SI 指数、TT 指数表现最优,除 2022 年 3 月、4 月出现异常外,其他月份评价结果均表现优异,强天气威胁指数(SWEAT)2022 年 4 月出现异常,通气管指数(TQG)2022 年 1—4 月表现不理想。综上所述,虽然秒级探空指数产品在大部分评价指标上表现良好,但仍需要进一步改进通气管指数(TQG)和强天气威胁指数(SWEAT)的准确性和稳定性。通过持续优化和修正,可以进一步改进这些指数产品的性能,提高其在业务中的应用价值。

3.2.3 组合风场产品应用分析

组合风场产品是将全网风廓线雷达、天气雷达的速度方位显示产品(VAD)、探空数据进行组合,形成等压面(气压坐标系)及等高面(物理坐标系)水平组合风场。该产品旨在对天气系统环流及次天气系统环流(如锋面、温带气旋、台风、季风等)的强度、位置进行准确描述。

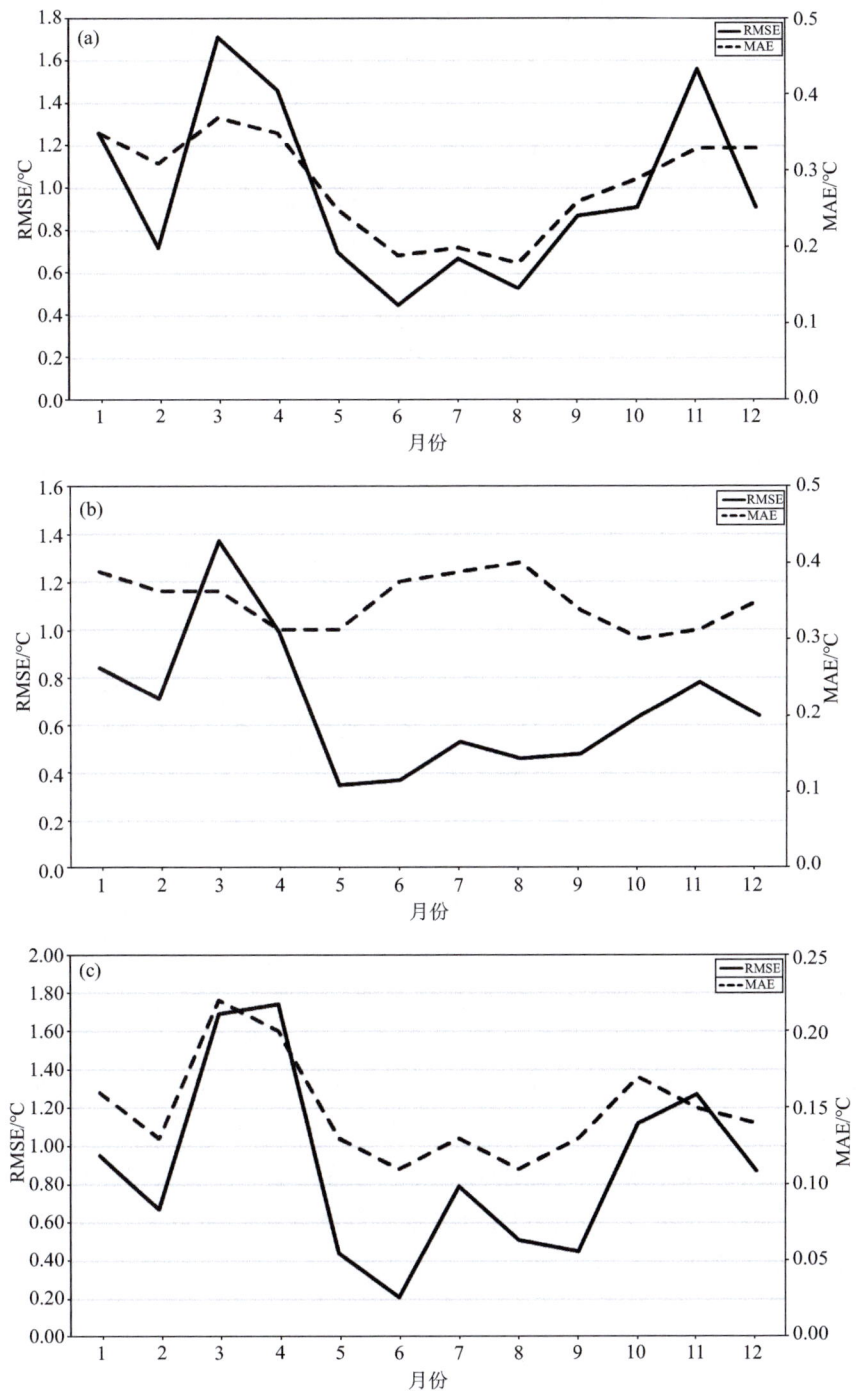

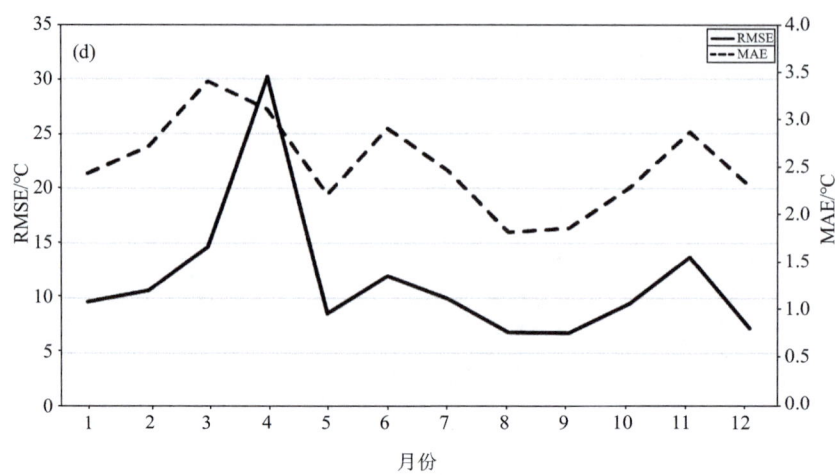

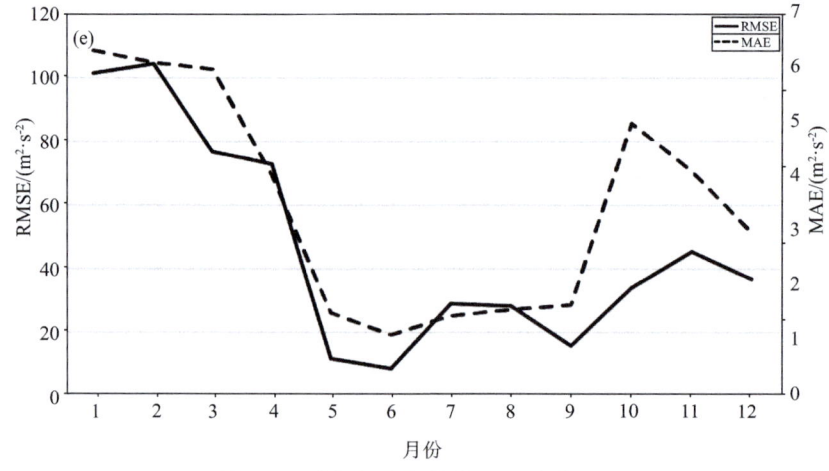

图 3.9　秒级探空各指数月评价表现图
(a)A 指数,(b)SI 指数,(c)TT 指数,(d)TQG 指数,(e)SWEAT 指数

本报告基于 2022 年 1 月 1 日至 12 月 31 日组合风场产品进行评价。其中,天气雷达站点数为 240 部,风廓线雷达站点数为 87 部,探空站点数为 119 部。

将组合风场产品的风向、风速转换为 U、V 分量后与 GRAPES 模式数据和探空同址站(SOUNDING)数据进行评价,计算 U、V 分量的标准差(STD)和相关系数(R),将每个单站的 U、V 评价结果进行综合评判作为每个站的最终质量结果。评价结果显示:组合风场产品与探空同址站(SOUNDING)数据整体评价结果更好,与 GRAPES 模式预报数据评价结果次之(表 3.6)。

表 3.6　组合风场特征层评价结果

特征层	GRAPES		SOUNDING	
	良	差	良	差
500 hPa	28.00%	72.00%	48.77%	51.23%
700 hPa	58.15%	41.85%	80.51%	19.49%
850 hPa	70.97%	29.03%	86.33%	13.67%
925 hPa	63.83%	36.17%	81.70%	18.30%
总体	44.65%	55.35%	59.63%	40.37%

从不同特征层高度来看,700 hPa、850 hPa 和 925 hPa 评价为良的站点比例较高。特征层 850 hPa 表现良好,全国大部分站表现为良(绿色标识站点),新疆、内蒙古、华北、西南部分站点表现次之(红色标识站点),详细情况见图 3.10。

3.2.4　地面实况产品应用分析

地面实况能见度要素产品检验评价使用中位数绝对偏差(MAD)、粗差率(CDR)以及一致率(CR)等检验指标,其中 MAD 对于数据集中异常值的处理比标准差更具有弹性,可以减小少数异常值对于数据集的影响,突出数据集的整体性能;CDR、CR 反映实况产品与地面站观测数据差距、一致的程度。

评价地面实况能见度要素产品,选取国家气象观测站 10 分钟水平能见度要素数据作为"真值"进行评价,选用中位数绝对偏差(MAD)、粗差率(CDR)、一致率(CR)、均方根误差(RMSE)、相关系数(R)指标,评价结果显示:精细化能见度格点产品(MOC_10km_VIS)各项指标的评价值为 0.08 km、0.000085%、99.99%、1.39 km、0.99。综合表现显示精细化能见度格点产品(MOC_10km_VIS)表现良好。详细数据见表 3.7。

表 3.7　能见度产品质量情况

产品	评估指标				R
	MAD	CDR	CR	RMSE	
10 km 精细化能见度格点产品(MOC_10km_VIS)	0.08 km	0.000085%	99.99%	1.39 km	0.99

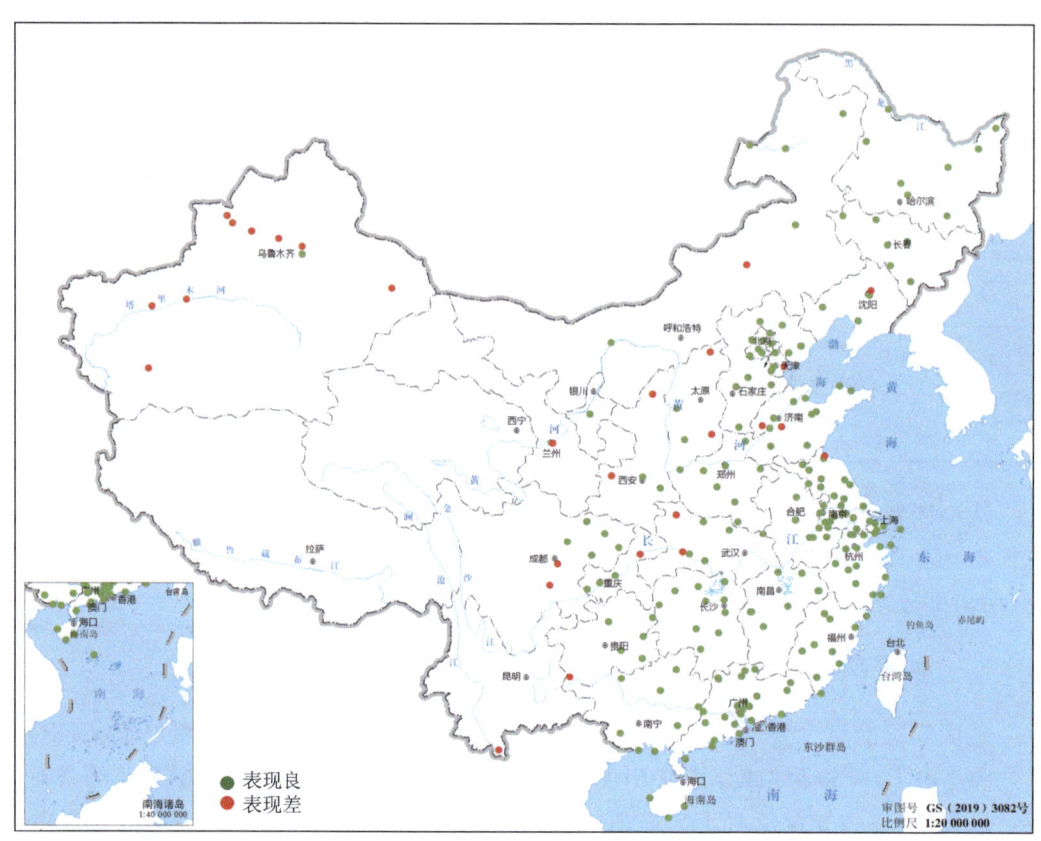

图 3.10　组合风场产品特征层 850 hPa 评价结果站点分布

对精细化能见度格点产品(MOC_10km_VIS)进行粗差率(CDR)站点分析,评价结果为大部分站点在 0.0%～0.2%(绿色标识站点),说明这些站点的数据与真实值接近,拟合程度较好,即站点的实况能见度要素产品与实际观测的能见度值较为一致。0.8%～1.0%(橙、红色标识站点)范围约有 8 个站点,表明这些站点的数据与真实值之间存在较大的偏差。需要对这些站点进行进一步的调查和验证,以找出造成数据与真实值差异的原因,需要检查和纠正数据采集、传输和处理环节中的问题,确保数据的准确性和可靠性。精细化能见度格点产品(MOC_10km_VIS)粗差率(CDR)评价结果整体表现良好,具体评价结果如图 3.11 所示。

对精细化能见度格点产品(MOC_10km_VIS)进行一致率(CR)站点分析,评价结果为大部分站点在 95%～100%(绿色标识站点),说明这些站点的数据与真实值之间的关系较好,实况能见度较为准确。精细化能见度格点产品一致率(CR)评价结果表现良好,具体评价结果如图 3.12 所示。

图 3.11 MOC 10 km 能见度要素产品粗差率(CDR)站点分布

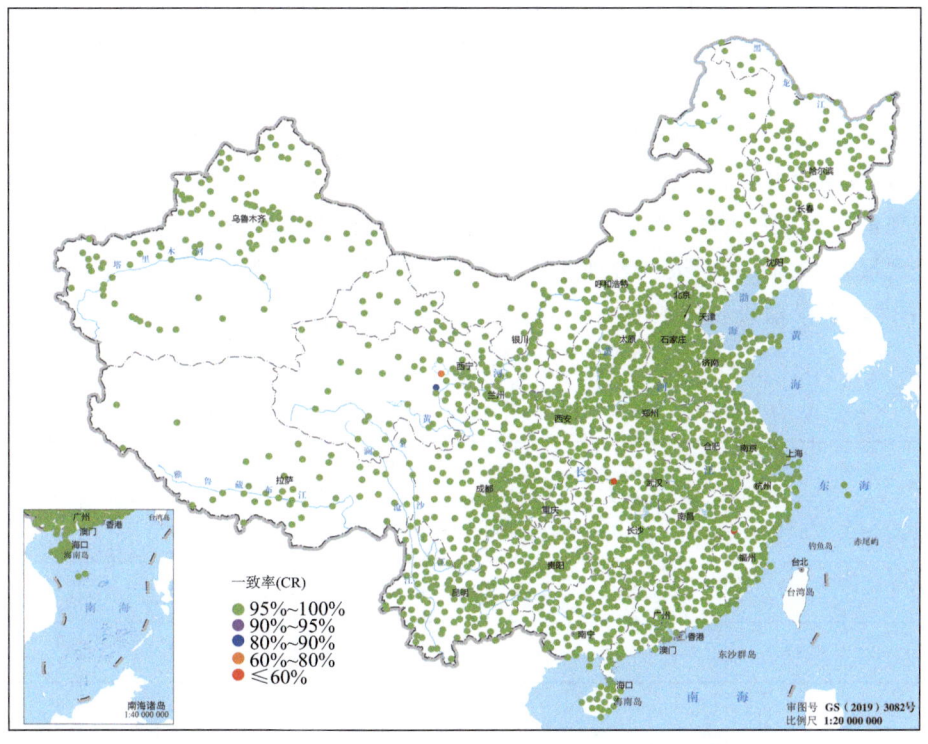

图 3.12 MOC 10 km 能见度要素产品一致率(CR)站点分布

3.3 传统检验评分应用分析

传统检验评分是气象数据中的一项重要指标,它基于气象学和统计学的理论基础,旨在评价气象数据产品的整体准确性和技巧性。传统检验评价指标适用于不同类型的气象数据产品,例如降水和风等。针对这些产品,我们采用了传统检验评分指标,并同时运用了分级检验指标,以对产品进行精细的检验。传统检验评分指标如技巧评分(TS)、相对技巧评分(ETS)、命中率/探测率(POD)、空报率/误报率/虚警率(FAR)、成功率(SR)、漏报率(MR)和偏差率(BIAS)等,对产品结果和观测数据之间的匹配程度和准确性进行评价。在本报告中,我们以实况降水产品和组合风场产品为例进行了评价应用分析。

3.3.1 实况降水产品综合评分分析

以实况降水产品为评价对象应用传统检验评价分析。实况降水基于 2022 年 1 月 1 日至 12 月 31 日共计 365 天地面小时观测资料的过去 1 小时降水量要素进行评价,数据源均来自天擎质控后的 2431 个国家气象观测站的中国地面逐小时观测数据(资料代码:SURF_CHN_MUL_HOR),评价对象为多源融合降水实况分析产品(MOC_3km_PCP)。选用偏差率(BIAS)、命中率(POD)、技巧评分(TS)、误报率(FAR)等指标进行综合评分分析。偏差率(BIAS)、命中率(POD)、技巧评分(TS)取 1 是评分最优。

偏差率(BIAS)中雨级别评分 1.01 表现最好,大雨级别 0.94 表现良好,小雨级别评分 1.14、暴雨级别评分 0.81 表现次之,大暴雨级别评分 0.60 表现较差。命中率(POD)中雨级别表现最好,小雨、大雨、暴雨级别表现次之,大暴雨级别表现较差。技巧评分(TS)中雨级别表现最好,大雨、暴雨级别表现次之,小雨、大暴雨级别表现较差。误报率(FAR)越小越优,中雨至大暴雨级别表现良好,小雨级别误报率较高为 0.31,表现次之。详细数据见表 3.8。

表 3.8 降水实况分析产品小时降水情况评分结果表

等级	BIAS	POD	TS	FAR
小雨(0.1~1.9 mm)	1.14	0.78	0.58	0.31
中雨(2.0~4.9 mm)	1.01	0.83	0.71	0.17
大雨(5.0~9.9 mm)	0.94	0.78	0.67	0.18

续表

等级	BIAS	POD	TS	FAR
暴雨(10.0~19.9 mm)	0.81	0.68	0.60	0.17
大暴雨(≥20.0 mm)	0.60	0.51	0.47	0.14

为更好反映降水性能,采用评分综合展示图给出命中率(POD)、成功率(SR＝1－FAR)、技巧评分(TS)以及偏差率(BIAS)4种检验评分结果。降水量分级参考表2.2逐小时降水量等级划分表,降水实况产品小时降水量分级评价综合表现情况如图3.13所示。降水实况分析产品质量情况综合展示如图3.14所示。

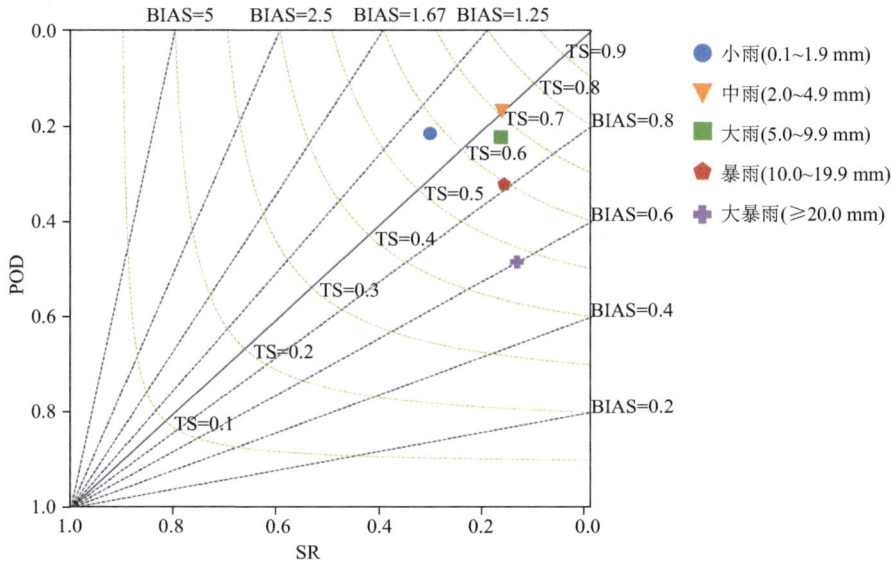

图 3.13　降水实况产品小时降水量分级评价综合表现图

(POD,SR,TS 评分以及 BIAS 越接近于 1,即位于评分综合展示图的右上角,表示降水的效果越好)

3.3.2　组合风场产品 TS 评分应用分析

组合风场产品(详见3.2.3)将其风速、风向参照地面风等级与 GRAPES 模式数据进行产品评价。

对组合风场产品与 GRAPES 模式数据进行风速分级评价,风速的分级 TS 评分结果显示(图3.15),组合风场产品在 2—17 级总体评分均大于 0.6,在各高度层上 0—4 级 TS 评分呈上升趋势,在 3—6 级均超过 0.6,500 hPa 随风速越大 TS 评分越高,700 hPa、850 hPa 和 925 hPa 随风速越大,各高度层的 TS 评分越低,主要由于近地面的风受地形扰动影响要大于高空风。

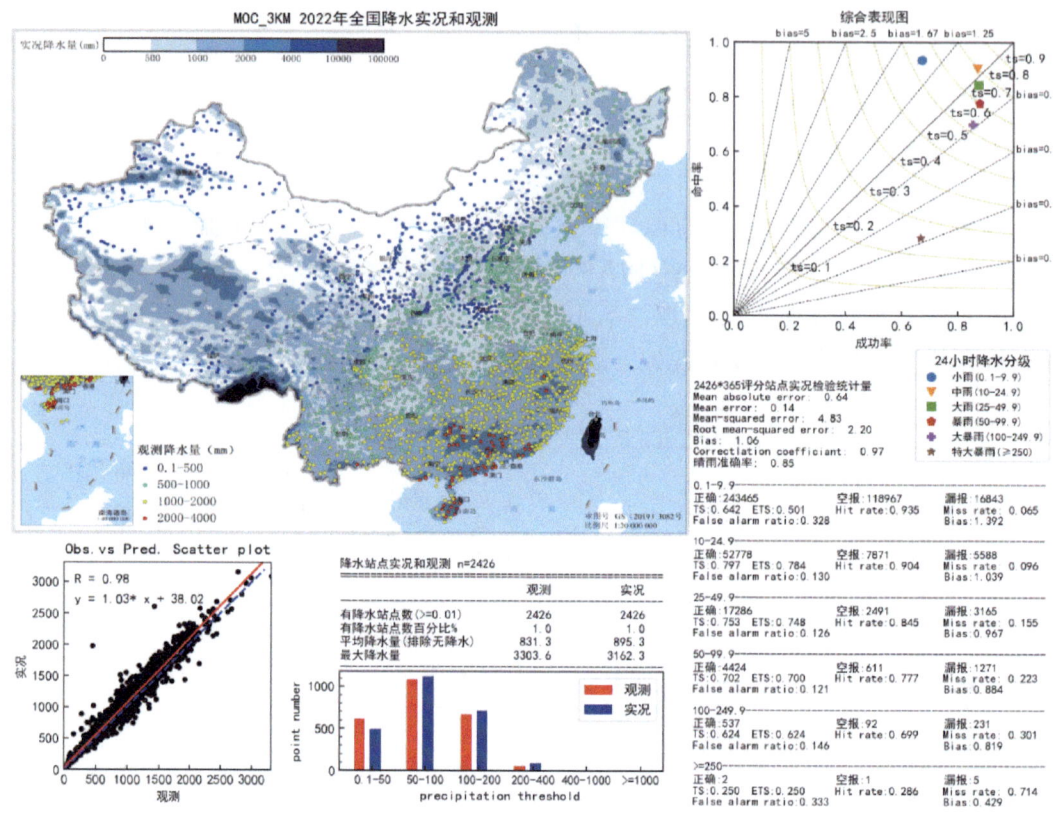

图 3.14　降水实况分析产品质量情况综合展示图
（引自《气象观测业务中试平台评估年报》）

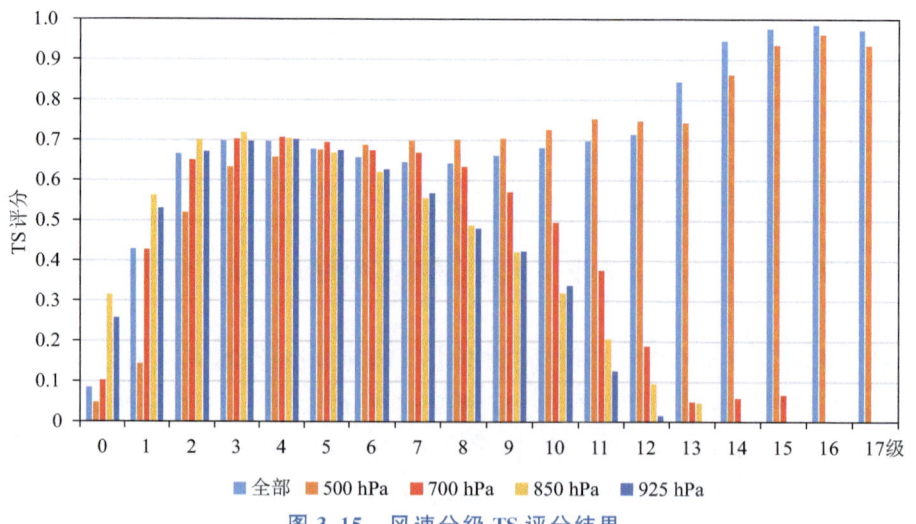

图 3.15　风速分级 TS 评分结果

通过风速分级偏强率和偏弱率评价结果看出(图 3.16、图 3.17),在风速等级小于 2 时,超过 50% 的站点组合风场产品的风速大于 GRAPES 模式数据产品风速。在风速等级大于 7 时,特征层 700 hPa、850 hPa 和 925 hPa 超过 50% 的站点组合风场产品的风速小于 GRAPES 模式数据产品风速。

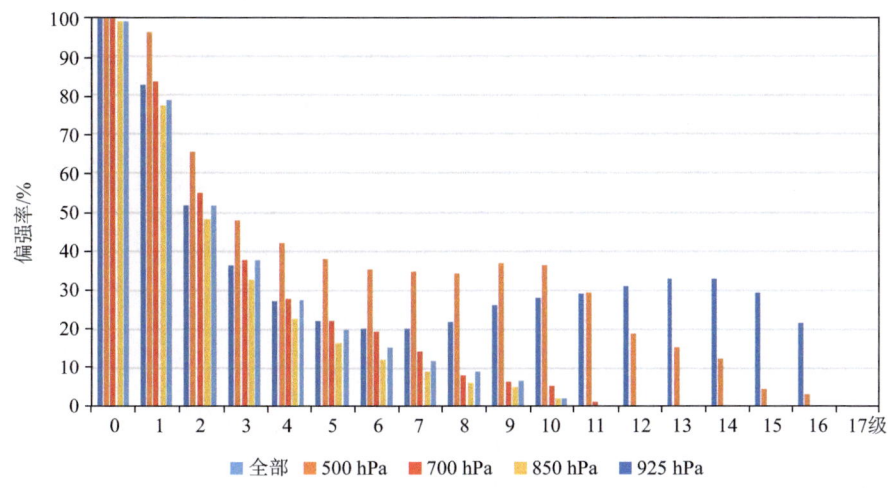

图 3.16　风速分级偏强率评价结果

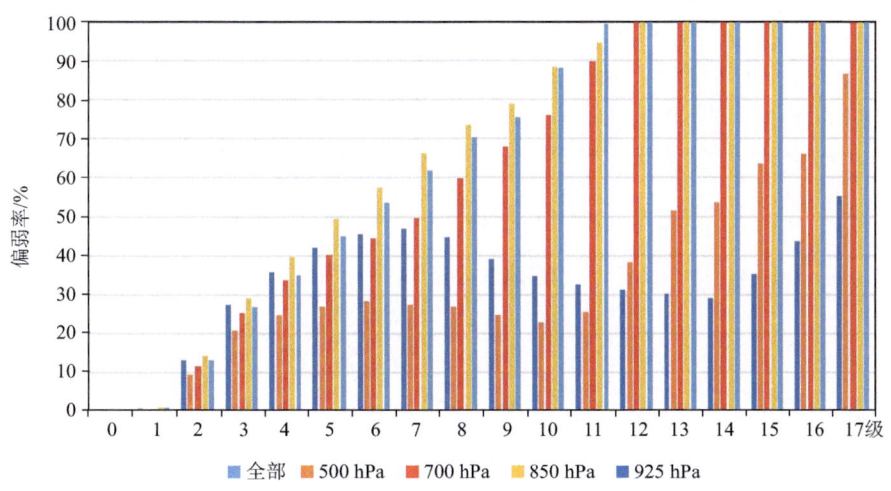

图 3.17　风速分级偏弱率评价结果

对组合风场产品与 GRAPES 模式数据进行风向分级评价,通过风向分级准确率和 TS 评分结果(图 3.18、图 3.19)看出,在东(E)、东南(SE)、南(S)、西南(SW)、西(W)和西北(NW)6 个方向上,组合风场产品表现较好,风向准确率大都超过 50% 且 TS 评分超过 0.7。

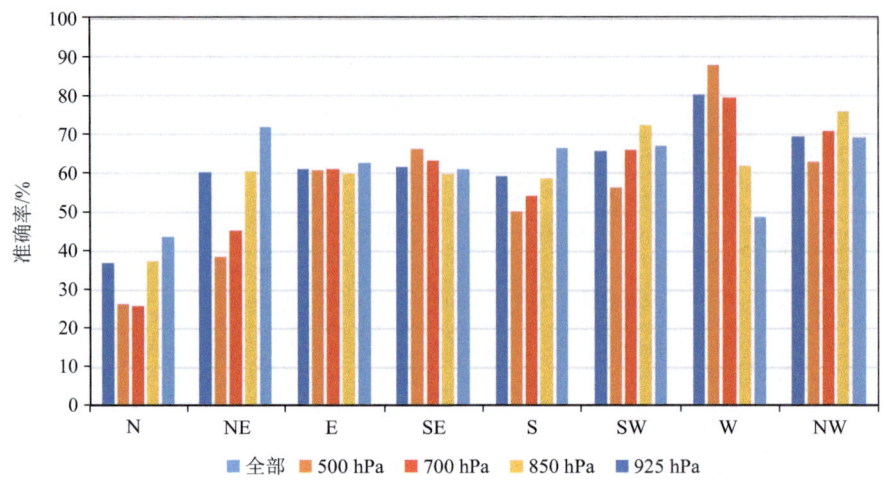

图 3.18　风向分级准确率评价结果

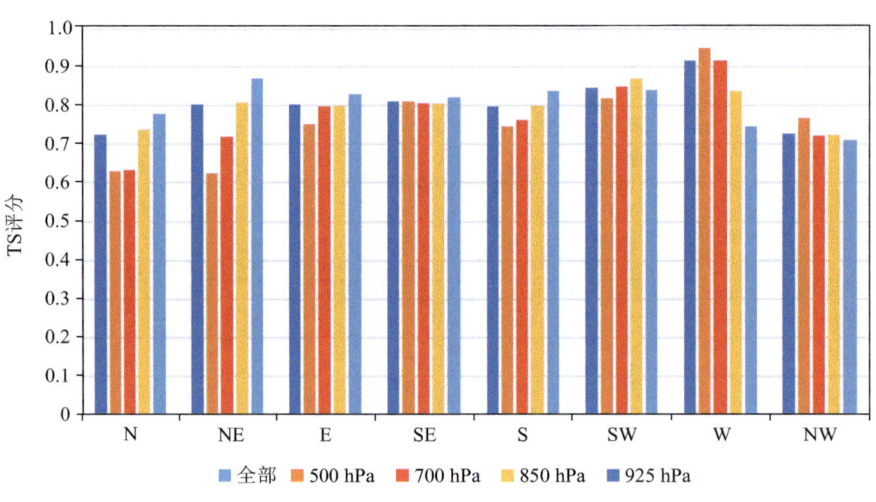

图 3.19　风向分级 TS 评分结果

3.4　分级检验指标应用分析

3.4.1　实况能见度产品应用分析

地面实况精细化能见度格点产品（详见 3.2.4）分级评价体现产品整体的质量情况，其中准确率为实况产品与观测数据在同一等级一致性情况，100% 为最优情况；偏晴率为实况产品大于观测数据等级，0.00% 为最优情况；偏雾率为实况产品小于观测数据等级，0.00% 为最优情况。以准确率、偏晴率、偏雾率评价精细化能见度格点产品（MOC_

10km_VIS),评价结果为整体表现较好,详细评价结果如表3.9所示。

表 3.9 能见度产品整体质量情况

等级	气象视距/km	天气现象	准确率/%	偏晴率/%	偏雾率/%	RMSE/km
0	<0.05	极雾	16.21	83.79	0.00	2.19
1	0.05~0.20	浓雾	42.06	56.89	1.05	2.35
2	0.20~0.50	中雾	60.89	38.35	0.76	2.42
3	0.50~1.00	轻雾	73.02	26.40	0.59	1.75
4	1.00~2.00	薄雾	83.41	16.06	0.53	1.37
5	2.00~4.00	霾	89.16	10.29	0.55	1.28
6	4.00~10.00	轻霾	94.54	5.00	0.45	1.27
7	10.00~20.00	晴	96.89	2.16	0.95	1.24
8	20.00~50.00	很晴	97.94	0.00	2.06	1.50
9	>50.00	十分晴	0.00	0.00	0.00	0.00

精细化能见度格点产品准确率从极雾天气到很晴等级逐级提高,说明能见度越好准确率越高;偏晴率从极雾天气到很晴等级逐级降低,偏雾率在十分晴等级较高,说明产品在有雾的天气时能见度判识偏高,在十分晴等级时能见度判识偏低。精细化能见度格点产品(MOC_10km_VIS)在中雾至很晴等级评价均表现良好,极雾、浓雾和十分晴等级表现次之。具体评价结果如图3.20、图3.21所示。

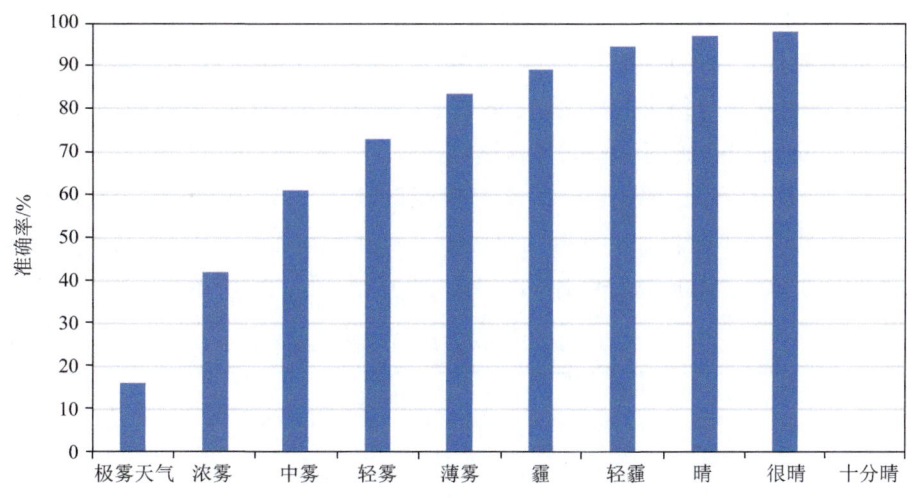

图 3.20 能见度要素产品准确率

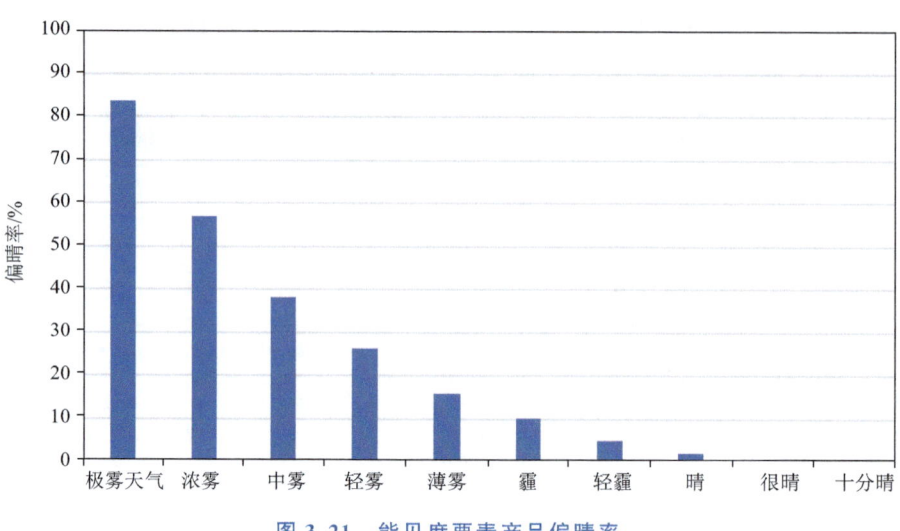

图 3.21　能见度要素产品偏晴率

3.4.2　地面风产品应用分析

地面风要素产品基于 2022 年 1 月 1 日至 12 月 31 日共计 365 天的数据进行分析。实况分析场地面风要素产品（MOC_3km_UV）将 U、V 分量转为风向风速，以风力等级为单位的风速实况和以方位角为单位的风向实况，选取经质量控制后的国家级地面气象观测站的气象要素观测资料中 2 分钟平均风向风速要素数据进行评价。观测风速、风向分别选取天擎资料《中国地面逐小时资料》（资料代码：SURF_CHN_MUL_HOR）2 分钟平均风速（要素代码：WIN_S_Avg_2mi，单位：m·s^{-1}），换算为蒲氏风力等级作为观测风速和 2 分钟平均风向（要素代码：WIN_D_Avg_2mi，单位：°）作为观测风向。

3.4.2.1　风速分级评价

对地面风要素产品的风速分级进行评价，准确率在 1 级、2 级风力等级表现较好，3 级、4 级、8 级、9 级风力等级表现次之，其余等级表现较差；偏强率、偏弱率评价结果显示，0 级偏强率较高，从 1 级开始逐级降低，偏弱率逐级升高，在 12 级达到 100%，说明地面风要素产品在风力 0 级时表现为偏强，1—4 级时表现良好，5—10 级时表现为略偏弱，11 级以上表现为偏弱且准确率较低，TS 评分结果显示 0—10 级均在 0.6 以上，准确率较高，详细评价结果如表 3.10 所示，风速分级评价结果如图 3.22、图 3.23 所示。

表 3.10　2022 年风速风力分级评价结果

风力分级	风速/m·s^{-1}	准确率/%	偏强率/%	偏弱率/%	评分
0	0.0~0.2	36.34	63.66	0	0.86
1	0.3~1.5	92.18	3.61	4.22	0.96
2	1.6~3.3	70.14	1.69	28.17	0.88

续表

风力分级	风速/m·s^{-1}	准确率/%	偏强率/%	偏弱率/%	评分
3	3.4~5.4	56.31	1.54	42.15	0.82
4	5.5~7.9	50.87	1.22	47.92	0.79
5	8.0~10.7	46.60	0.85	52.55	0.75
6	10.8~13.8	42.84	0.42	56.75	0.70
7	13.9~17.1	44.42	0.51	55.07	0.67
8	17.2~20.7	58.72	0.48	40.81	0.75
9	20.8~24.4	54.99	1.02	43.99	0.78
10	24.5~28.4	45.96	0	54.04	0.77
11	28.5~32.6	18.75	0	81.25	0.60
12	32.7~36.9	0	0	100	0.53
13	37.0~41.4	0	0	100	0.60
14	41.5~46.1	—	—	—	—
15	46.2~50.9	0	0	100	0
16	51.0~56.0	—	—	—	—
17	≥56.1	0	0	100	0

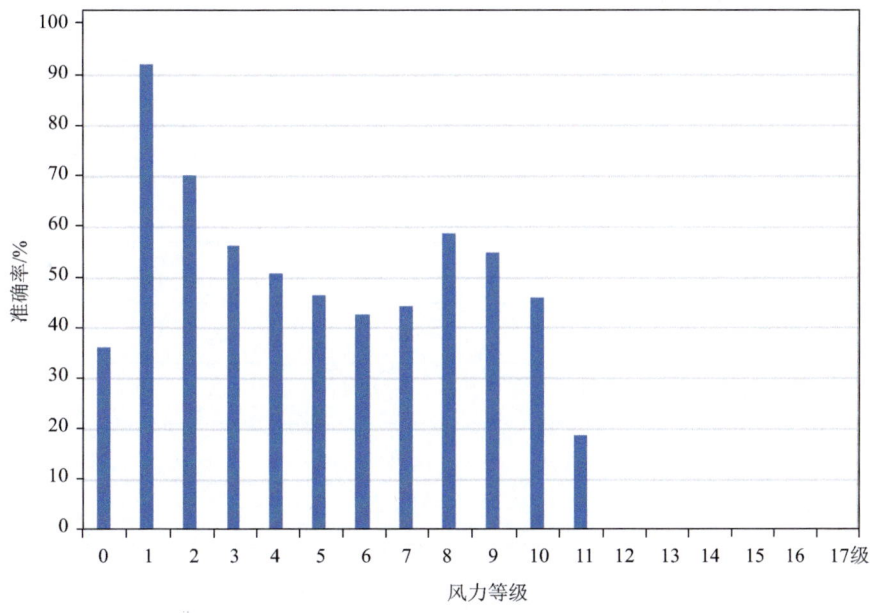

图 3.22 地面风要素产品风速准确率评价结果

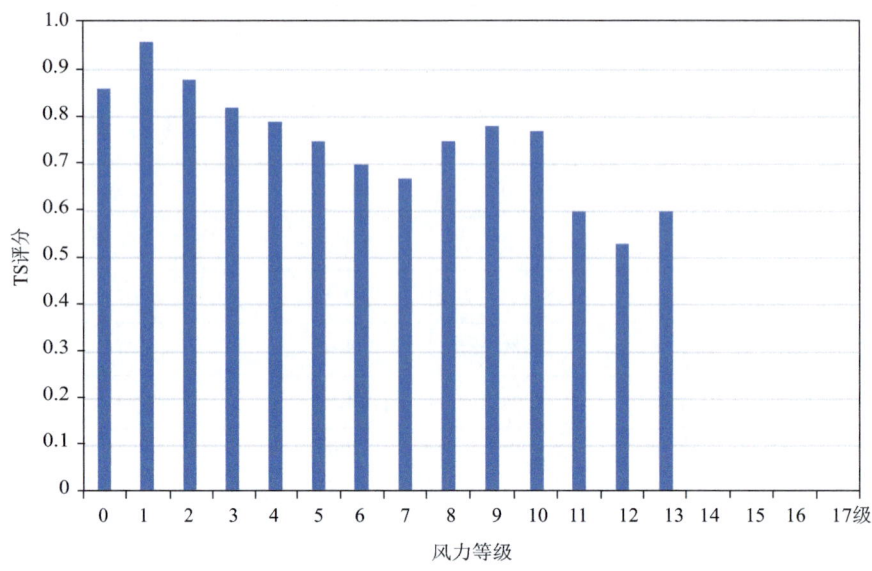

图 3.23　地面风要素产品风速 TS 评分结果

3.4.2.2　风向分级评价

对地面风要素产品的风向分级进行评价，各风向准确率较好，西北方向表现较好，TS 评分各风向表现良好。详细评价结果见表 3.11，风向评价结果如图 3.24、图 3.25 所示。

表 3.11　2022 年风向方位评价结果

方位	准确率/%	TS 评分
北(N)	77.53	0.94
东北(NE)	87.83	0.95
东(E)	87.83	0.95
东南(SE)	86.52	0.94
南(S)	89.64	0.96
西南(SW)	89.48	0.96
西(W)	89.68	0.96
西北(NW)	92.49	0.92

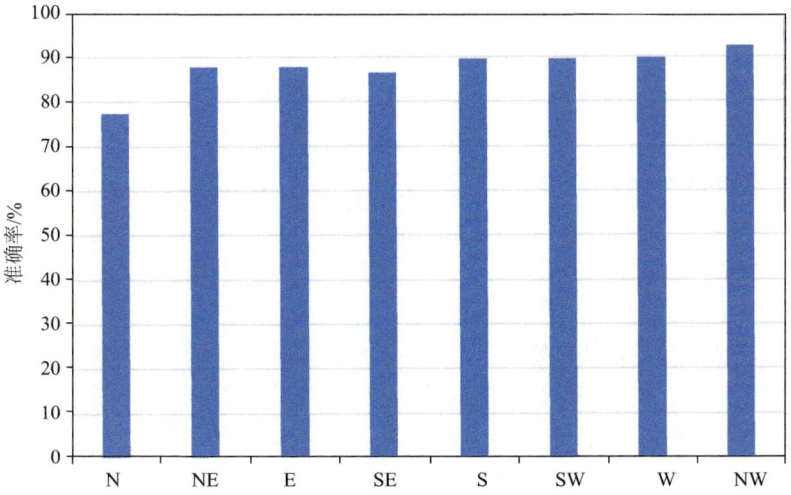

图 3.24　地面风产品风向准确率评价结果

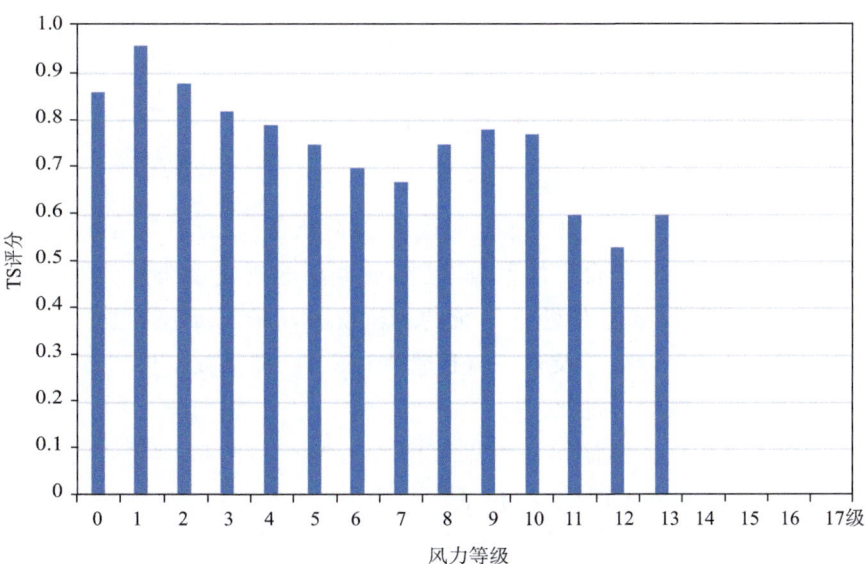

图 3.25　地面风产品风向 TS 评分结果

第 4 章　气象观测业务中试平台建设与能力提升

中国气象局气象探测中心从 2020 年开始建设气象探测数据业务中试平台，依照现有业务中的观测设备、布局配置、业务软件和相关规范进行建设，根据中试业务需求，不断完善测试评估新算法、新产品、新技术业务应用的可行性，及时了解新算法、新产品、新技术的优缺点，进一步改进完善中试平台功能，完成产品检验、算法检验、产品个例库、质量问题个例库、流程管理和成果信息库等功能模块的开发。使之更好地应用到观测业务，有效提高科技成果的转化应用水平。

4.1　气象观测业务中试平台建设

中试平台建设包括数据层、业务层、展示层三部分（图 4.1），其中，数据层通过接入天衡天衍的数据，建设中试平台底层数据支持；业务层通过建设质量问题个例库、产品个例库、产品检验子系统、算法检验子系统的算法支撑功能以及流程管理、成果信息库功能，实现主要业务的后台处理及业务流程管理；展示层提供数据检索、统计分析、资料查看下载等功能，实现系统可视化。

2022 年已完成系统主体框架搭建以及中心主要产品的检验评估（图 4.2）；2023 年上半年已完成 6 大子系统的建设，包括产品中试、算法中试、强天气个例库、质量问题个例库、成果信息库以及流程管理，重点完成产品检验和强天气个例库的建设，为业务准入和探测科技成果转化提供支撑。其中，产品中试子系统对实况分析产品、组合风场产品、探空产品、雷暴产品、冰雹产品等进行中试，根据各产品特点采用不同算法进行评价，并生成中试报告；强天气个例库以天气过程为维度，建设台风、冰雹、雾霾、龙卷等 9 类天气过程的产品个例库；质量问题个例库以设备为维度，建设以天气雷达基数据为主的质量问题个例库；算法中试子系统通过接入质控算法等封装代码包，经质控前后对比或升级对比等功能体现算法改进效果；成果信息库集成产品月报、年报以及专报，实现评估报告归档、查看与下载功能，并建设综合评估分析模块，结合中试质量评估体系展示产品的评估结果，实现逐月评估功能；流程管理子系统，增加中试申请功能，包含产品名称、申请单位以及申请材料的提交，进一步完善中试

第4章 气象观测业务中试平台建设与能力提升

申请的流程,实现业务全流程监控功能。

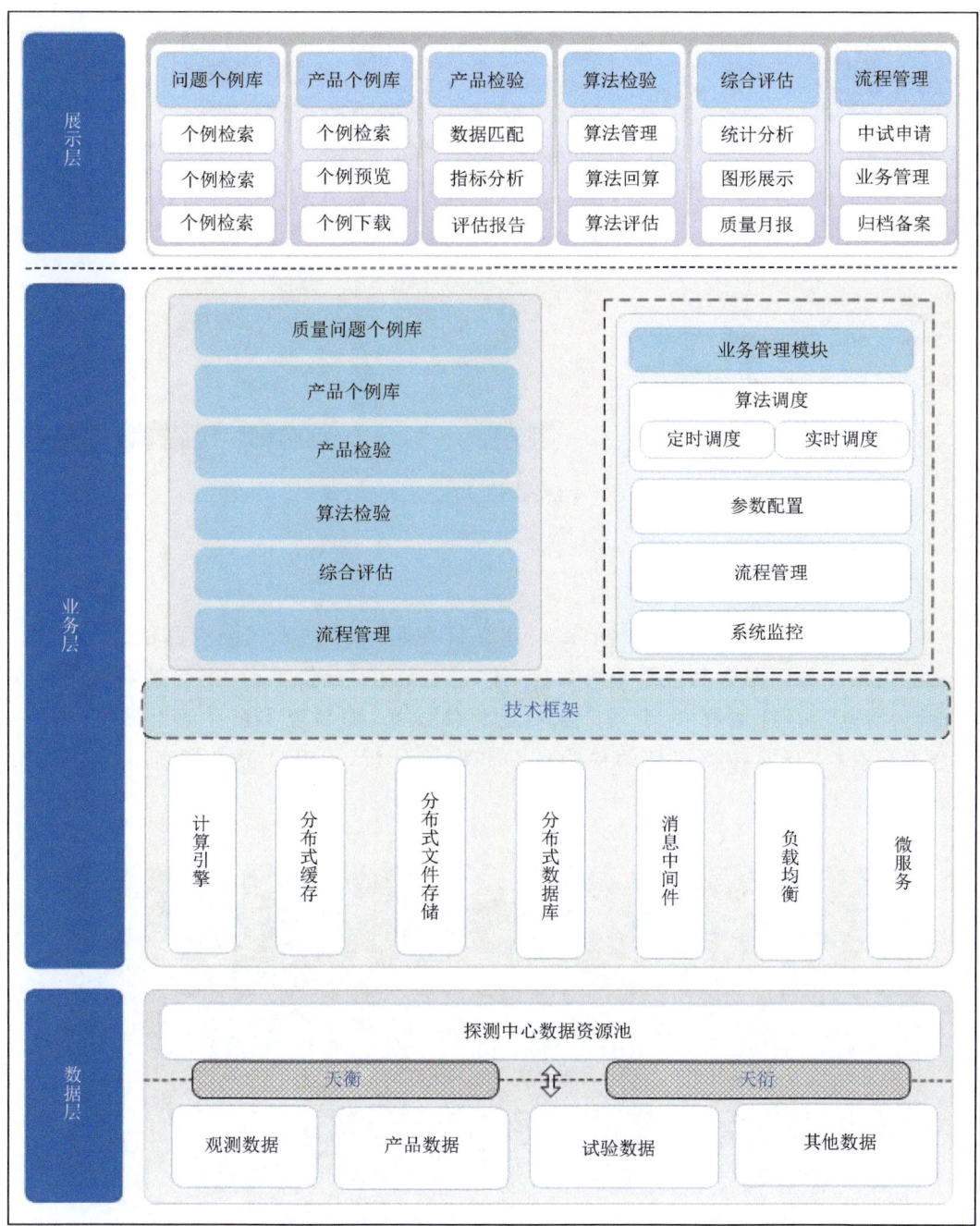

图 4.1　中试平台总体框架设计图

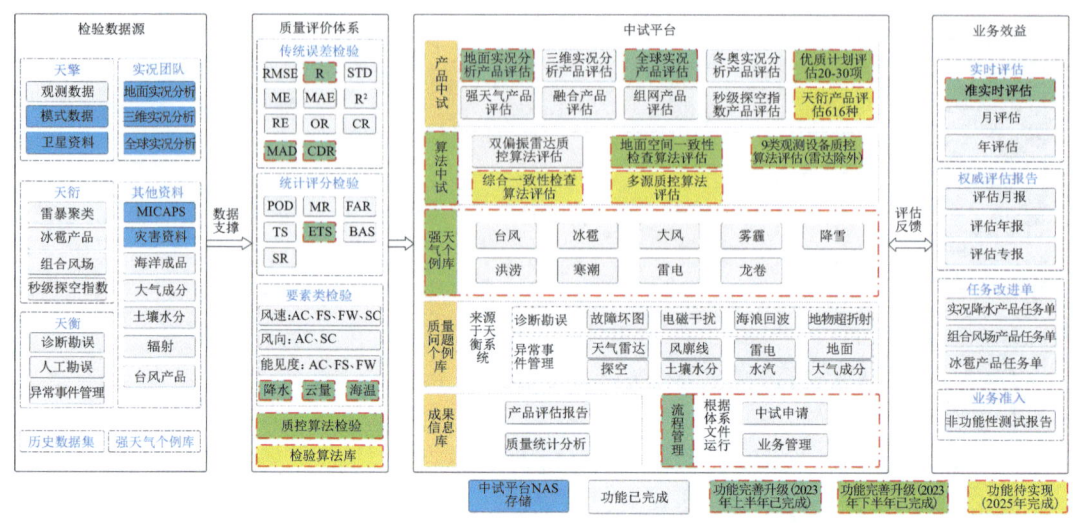

图 4.2 中试功能及建设进度设计图

4.1.1 产品检验子系统

中试平台产品检验子系统(图 4.3)建立旨在集成和完成观测产品的检验评估。产品检验系统是面向产品检验分析目标，建立产品检验分析平台，主要是发展完善误差检验、客观定量评估技术、不同产品对比评估技术，提高观测产品的准确性，同时，结合各类资料，开展各类产品的检验评估和误差分析，提升产品在服务业务中的贡献率。

图 4.3 中试平台产品检验子系统——气温产品检验

产品检验系统可形成从数据、计算、实况、真实过程的一系列校验能力,可为前端业务质量、后续产品服务质量等方面提供有力的技术保障,确保具备检验本系统中各类产品是否高质量的性能,与产品生成、产品服务等形成有效的流程闭环,全面提升产品的有效性。

目前中试平台产品检验子系统已经集成 9 类共 38 种观测产品,涵盖了地面实况产品、三维实况产品、全球实况产品、冬奥实况产品、秒级探空产品、强天气产品、组网产品、海洋产品和融合产品。

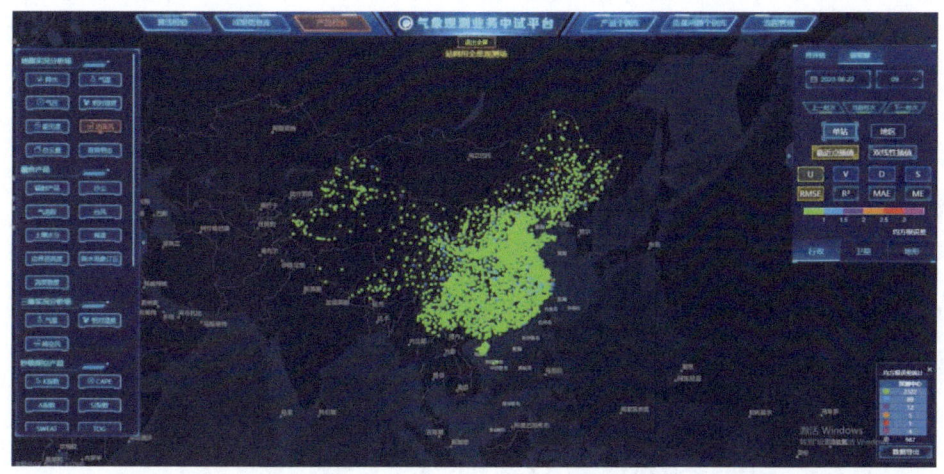

图 4.4　中试平台产品检验子系统——地面风产品检验

为了保障气象业务的不断变化,该系统采用微服务和工作流引擎的方式。通过将业务划分为独立的业务服务,并形成统一的服务集,每个服务都可以独立部署和独立运行。通过配置业务流程和定义依赖关系,实现了业务流程的自动化。通过中试平台,用户可以方便地访问和使用各类观测产品。同时,平台还具备灵活性和稳定性,能够适应气象业务的不断变化和需求的增长。通过对各种观测产品的集成和评估,平台为气象数据的获取和分析提供了高效的平台支持。

4.1.2　强天气个例库子系统

针对我国近年来灾害性天气多发严重危害人民生命财产安全的情况,建立了强天气个例库。该个例库依托中试平台,自动收集各类气象灾害发生时段的产品及资料,并进行分析加工,以提供产品检验评价、监测产品业务化应用和致灾个例气象服务的支持。

中试平台接入灾情直报系统,自动收集台风、冰雹、雾霾、降雪等天衍中生成的所有产品,根据天衍"3366"产品体系,按照 L2~L6 的观测产品序列进行分类,描述每一次天气过程的影响,详细列出每类产品的个例数据量信息,为产品检验评价、站网评价和资料同化试验提供平台支撑和数据支持。

目前,中试平台已收集了 10 类共计 66 个强天气个例,包括台风、冰雹、降雪、雾霾、大风、洪涝等多种类型的灾害天气。通过对这些个例的预处理,我们能够更好地分析气象灾情,并提升致灾个例的复盘和决策服务能力。

强天气个例库(图 4.5)的建立具有重要意义。它提供了典型案例及个例库分析,可用于评价产品的准确性和可靠性,进一步优化产品。同时,它支持监测产品的业务化应用,帮助发现常见的强天气模式,实现更精确的预警和监测。此外,它还为致灾个例气象服务提供数据支持,帮助全面、准确地判断灾害发生的可能性和程度。通过充分利用强天气个例库,能够提升对灾害性天气的复盘和决策服务能力,更加准确地预测和应对灾害,以保障人民的生命财产安全。

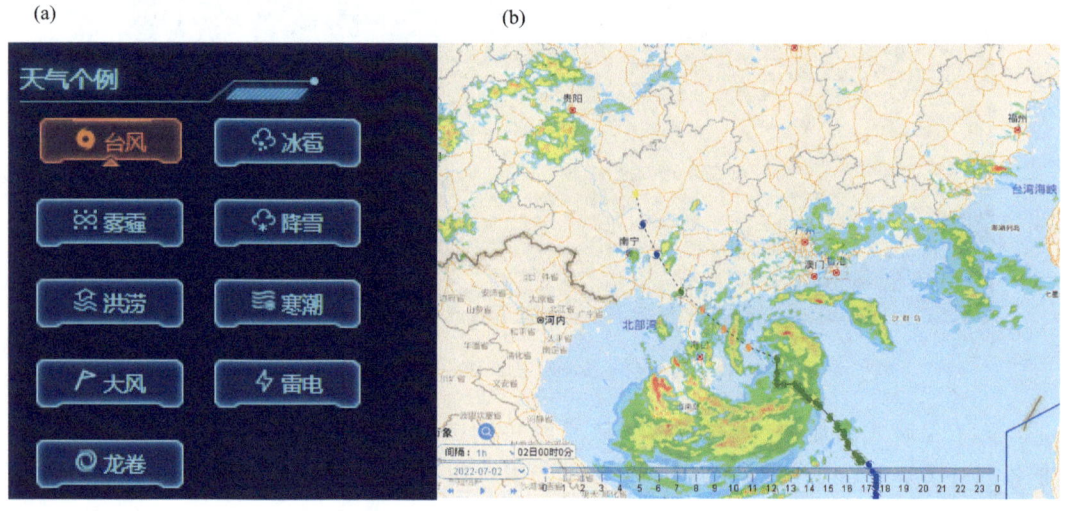

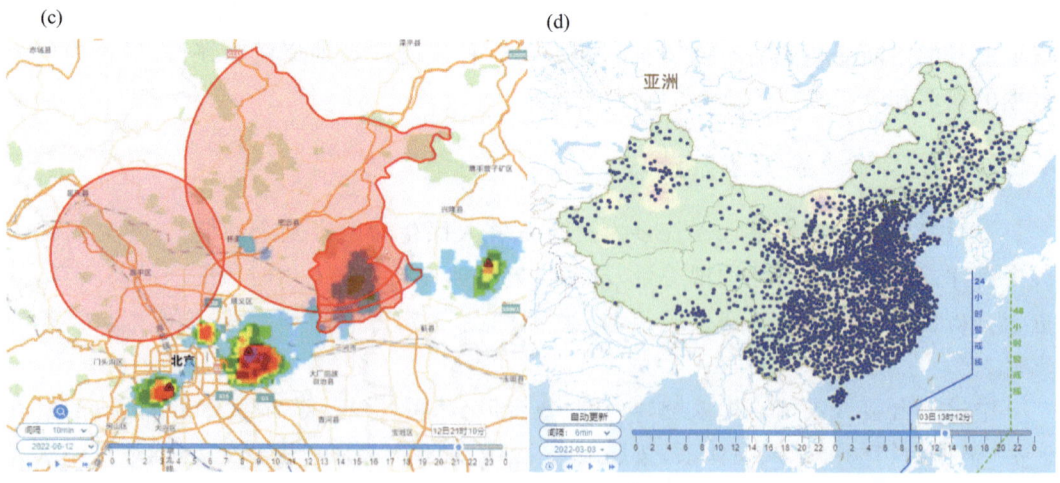

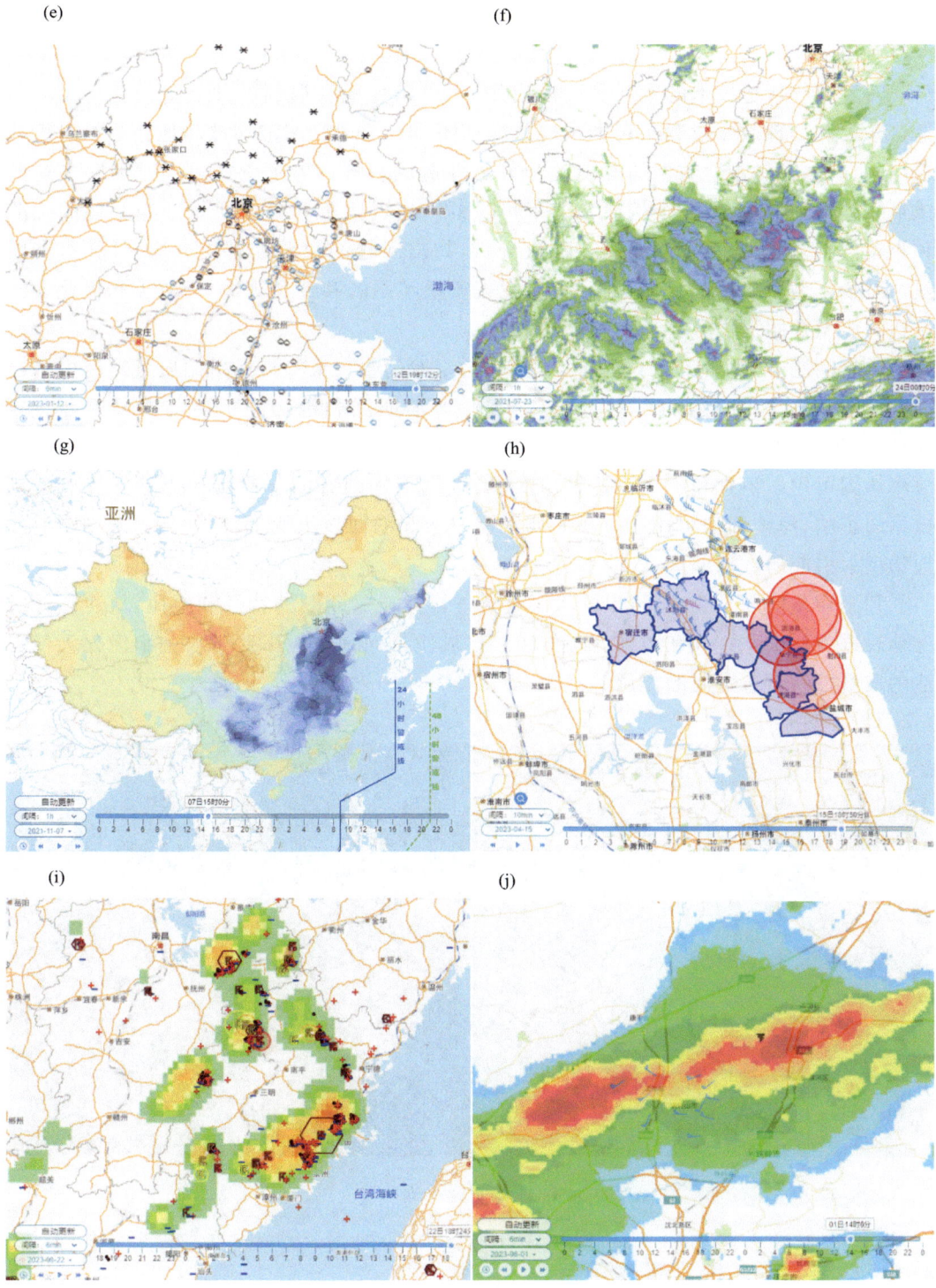

图 4.5　强天气个例库(a),台风,(b),冰雹(c),雾霾(d),降雪(e),洪涝(f),寒潮(g),
大风(h),雷电(i),龙卷(j)

4.1.3 质量问题个例库子系统

随着天气雷达技术的发展和广泛应用,不可避免地会遇到各种质量问题。天气雷达在采集和处理数据过程中可能出现故障坏图、电磁干扰、海浪回波和地物超折射等问题,这些问题会对雷达数据的准确性和可靠性造成影响。为了更好地应对和解决这些质量问题,建立质量问题个例库是必不可少的。通过收集和记录质量问题个例的细节和相关信息,能够对每个问题进行深入分析,找出问题的根源和解决方法。同时,借助整个质量问题个例库的大量数据,可以发现质量问题的共性和规律,为改进和优化天气雷达的质量控制提供更科学和有效的依据。

质量问题个例库(图 4.6、图 4.7、图 4.8)是专门收集天气雷达单站质量控制中的错误数据的数据库,包含故障坏图、电磁干扰、海浪回波和地物超折射等质量问题。自 2019 年至今,已收集了约 710 万个质量问题个例。个例库涵盖了多样化的质量问题,如故障坏图可用于识别和解决雷达技术故障,电磁干扰则有助于检测和排除干扰对雷达数据的影响,海浪回波可用于分析和纠正海浪引起的回波干扰,而地物超折射则能消除地物反射引起的数据偏差。

利用质量问题个例库,可以深入了解天气雷达质量问题的特征和规律,从而有针对性地改进雷达工作方式和数据处理方法。建成质量问题个例库对于改进和优化天气雷达的质量控制有着重要的作用。

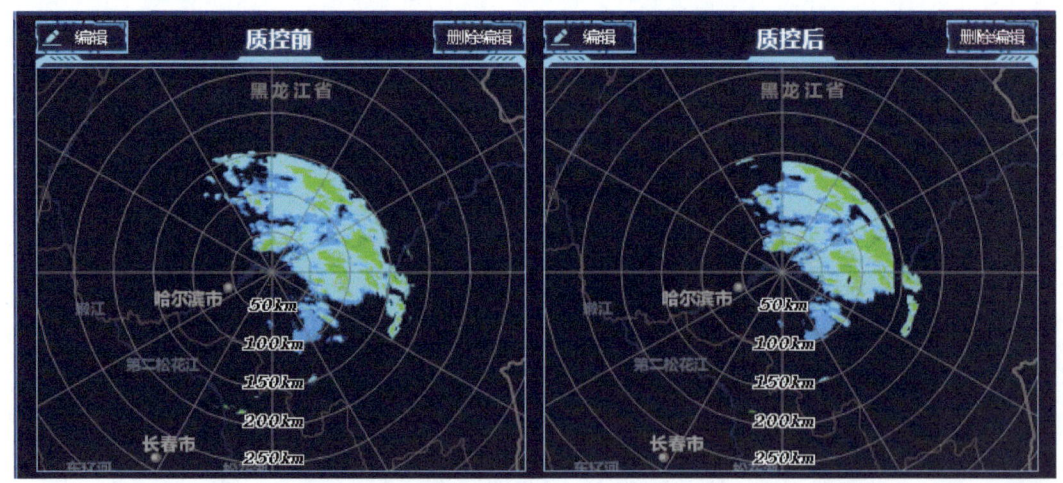

图 4.6 故障坏图对比图

4.1.4 中试业务流程管理子系统

为了提升中试评估工作的效率和监控能力,着重构建了业务流程管理模块(图

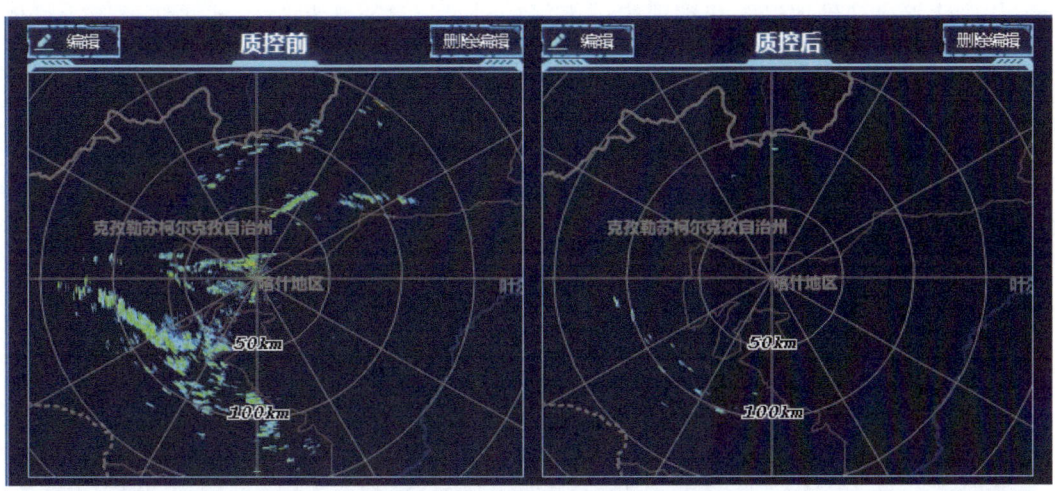

图 4.7　地物超折射对比图

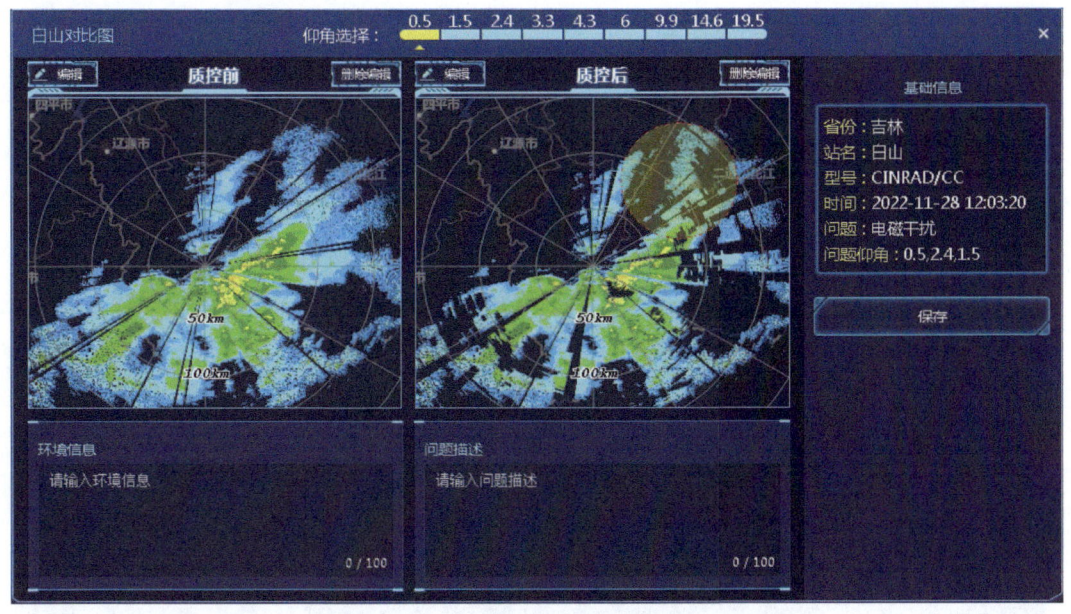

图 4.8　站点坏图信息补充说明图

4.9）。首先，引入了中试申请功能，申请人可以方便地填写申请信息并上传相关材料。这简化了中试申请的流程，提高了申请者的操作便利性。其次，建立了中试申请的流程管理，实现了对申请的全流程监控和管理。从申请提交到评估结果反馈，可以实时追踪和监控申请的进展。这大大提高了中试申请的可控性和管理性。通过业务流程管理模块的建设,提升了中试评估工作的效率和质量(图4.10)。申请者可以更方便地提交申请,从而能够更准确地追踪和管理中试申请的进度。这对于提高中试评估工作的整体效率和质量起到了积极的推动作用。

图 4.9　业务流程管理模块

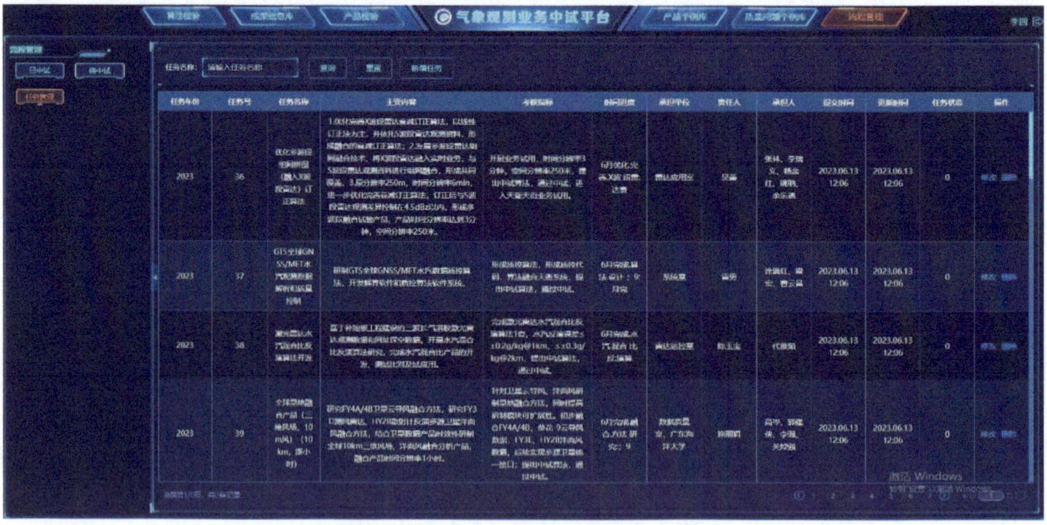

图 4.10　业务流程管理模块任务管理

4.2 气象观测业务中试能力提升

4.2.1 建成中试产品质量评价体系

中试平台建立中试产品质量评价指标体系(图 4.11),其中包含完整性统计检验算法 1 个,误差统计类检验算法 10 个、传统检验评分算法 7 个和分级评估类 4 个要素评估算法,要素评估 12 种。中试产品质量评价指标体系的建立可以提供科学、客观的评价方法,帮助研发团队了解中试产品在不同方面的质量情况,从而及时发现问题和改进产品设计。同时,指标体系还能为用户提供有效的参考,帮助其选择更符合需求和要求的产品,提高数据质量和可靠性。

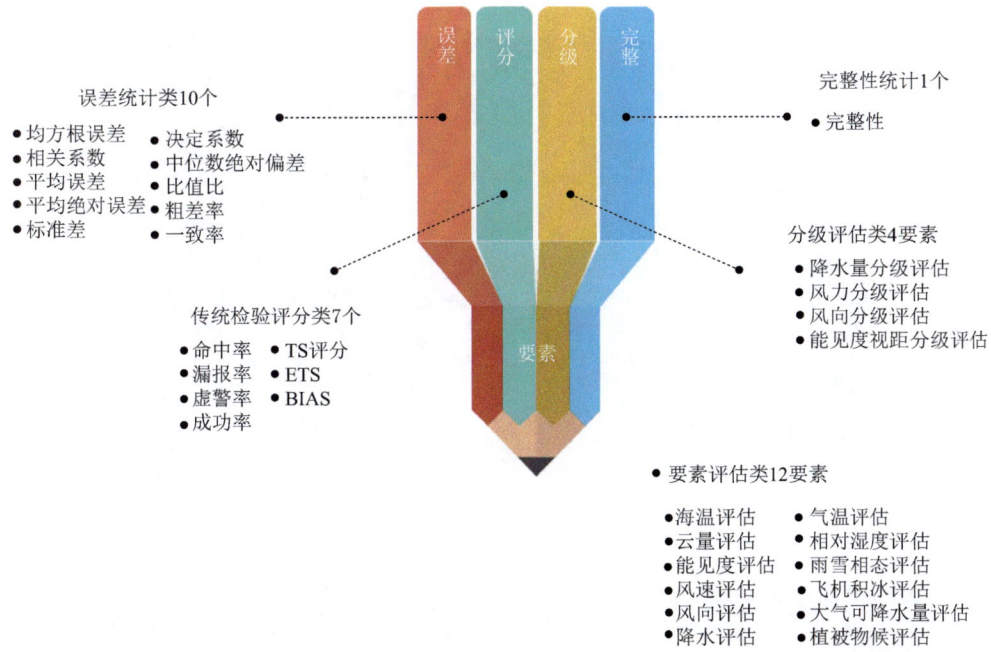

图 4.11 中试产品质量评价指标体系

4.2.2 建成中试质量评估成果信息库

中试平台建立成果信息库(图 4.12),其中包括产品月报、年报和专报,用户可以方便地查看和下载评估报告。同时,还建立了综合评估分析模块(图 4.13 至图 4.15),结合中试产品质量评价指标体系,实现了逐月评估功能。截至 2022 年 12 月,中试平台共计制作了 56 份评估报告,其中包括 12 份专报、39 期月报和 5 份年报(图 4.16)。

图 4.12 中试平台成果信息库子系统评估月报列表展示图

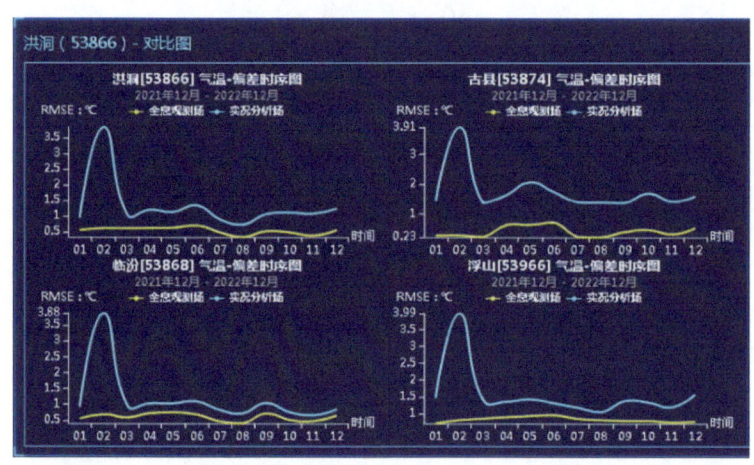

图 4.13 中试平台成果信息库综合评估分析模块气温对比图

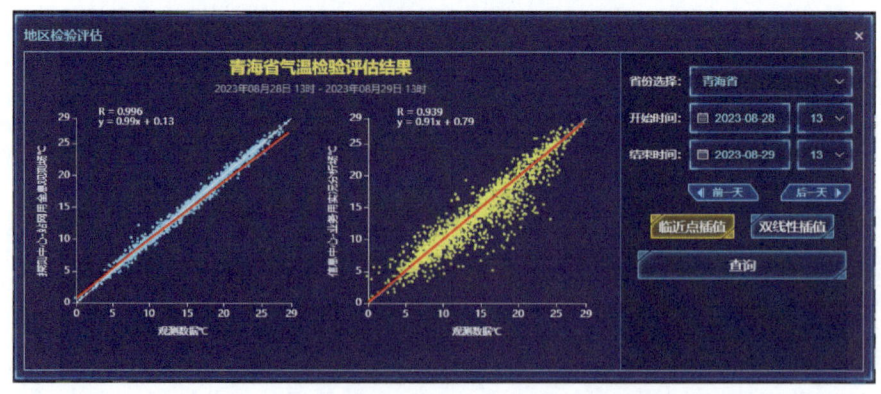

图 4.14 中试平台成果信息库综合评估分析模块地区检验评估结果展示

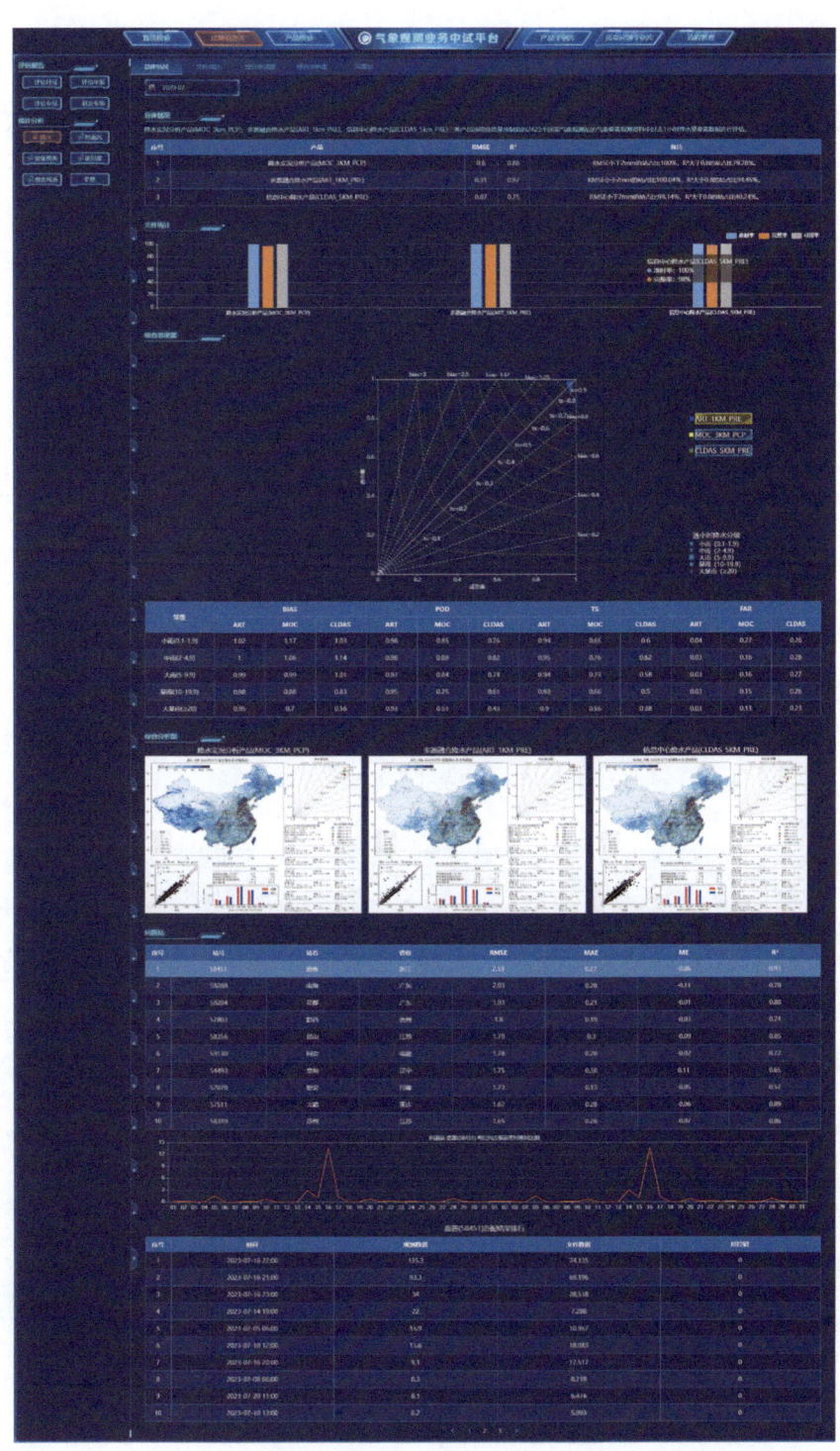

图 4.15　产品质量情况综合展示图

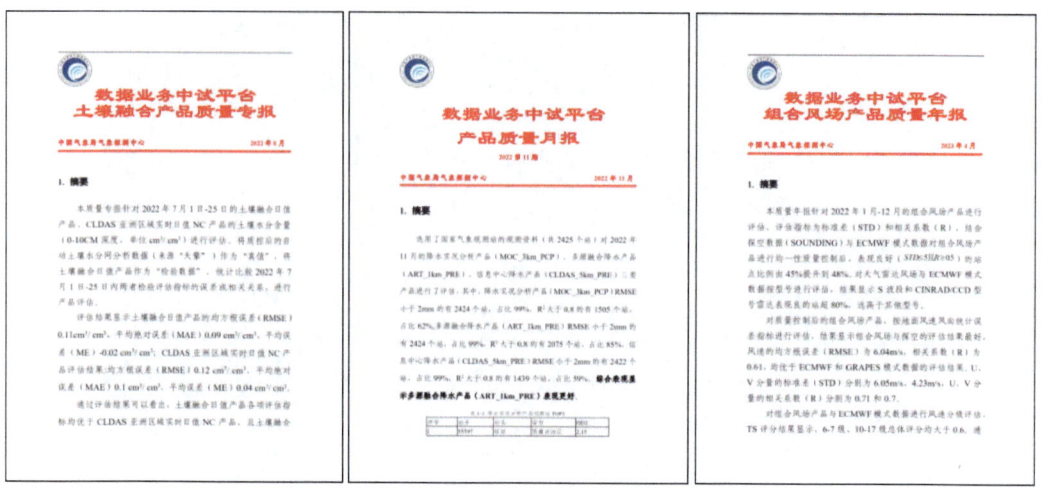

图 4.16 评估报告展示

4.2.3 研发专项产品评估

2022年完成8项研发专项产品评估,包含:高精度辐射产品、雾霾沙尘判识产品、气溶胶实况数据、台风定位产品(图4.17)、全球实况分析产品(图4.18)、土壤水分融合产品(图4.19)、海温融合产品(图4.20)、边界层高度。

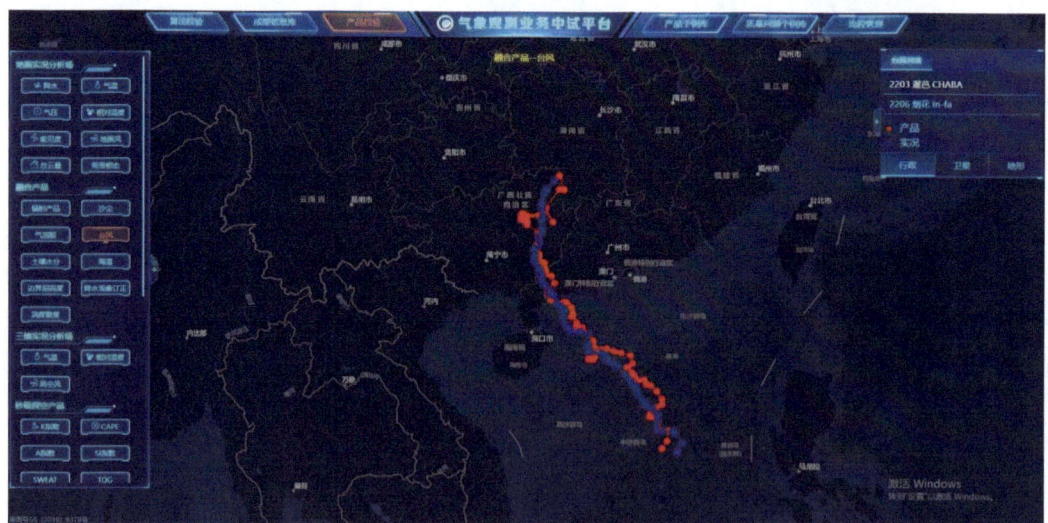

图 4.17 台风定位产品检验展示

图 4.18　全球实况地面风产品检验展示

图 4.19　土壤水分融合产品检验展示

4.2.4　提高中试评估的能力

截至 2022 年,已经提交了 10 项优质计划进行中试评估,其中已经有 3 项通过了材料审核并获得了中试报告,还有 1 项成功通过了业务准入。在 2023 年,将进一步提升评估工作的能力,计划提交 44 项优质计划进行中试。

首先,通过规范中试业务流程,推进质量体系标准化运行,充分发挥 PDCA(Plan 计划、Do 执行、Check 检查和 Act 行动)的 Check 检查功能,逐步完善中试业务各项功能,增加中试业务资源,提升中试业务效益。引入了多源数据离线批量采集和时空匹配技术,确保了评估过程中数据的质量和一致性。其次,建立了集约化高效快速的计算框架,大幅度缩短了评估时间,并提升了评估的时效性。通过这些措施,实现了一年内评

图 4.20　海温融合产品检验展示

估 30~50 项产品的目标,大幅度提高了评估能力。这为产品和算法的验证提供了坚实的技术支持,并推动了质控算法和产品算法的不断演进。

2024 年中试平台将加强中试产品质量评价指标体系建设,利用历史数据集和强天气个例库,针对观测产品建立常态化、动态化中试。至 2025 年完善质量问题库建设,针对质控算法开展中试,实现质控算法综合质量检验评估、全流程质量监视、观测质量问题管理、深度观测质量分析评估和误差分析、气象观测数据全流程检验、多源资料交互验证的准实时检验评价等功能。

中国气象局气象探测中心将继续致力于提高中试评估的能力,为气象探测数据业务的发展和应用提供更加优质的服务(图 4.21)。

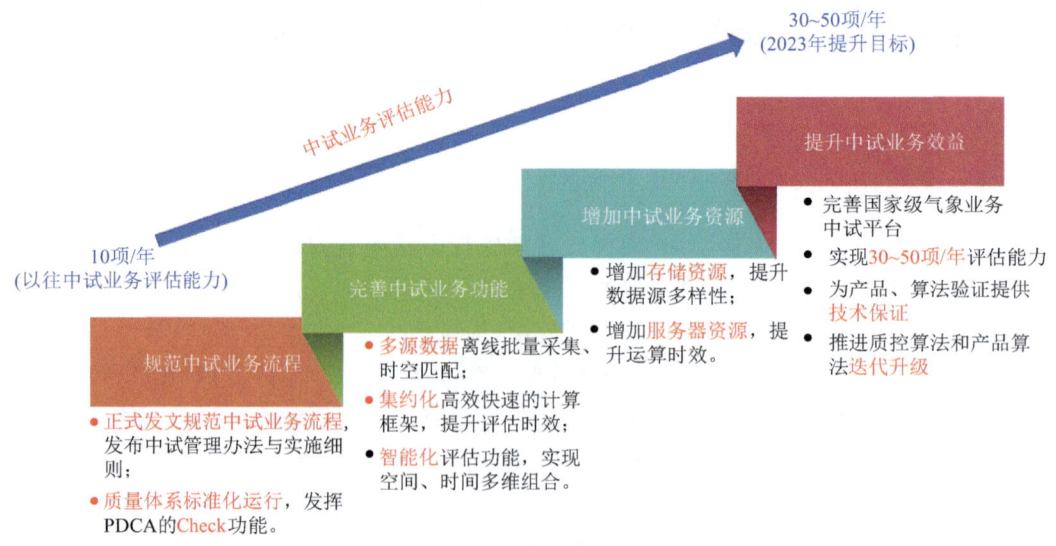

图 4.21　中试平台能力提升路线展示

后 记

感谢各位领导、专家和同事们的支持和努力,数据业务中试平台通过业务化应用考核,并获得了 3 项发明专利、5 项软件著作权和 5 项外观设计专利,部分中试产品结果通过中国观测质量报告权威发布(详见附录)。在 2022 年气象探测科技成果中试业务中,我们深入探索了强天气个例库、质控算法中试、检验评估算法等重要领域,并取得了一系列具有应用价值和科研意义的成果。

针对强天气个例库的发展方向,我们提出了基于大数据分析框架和人工智能等技术的个例自动统计分析功能,旨在实现个例信息的自动化识别和统计分析。通过这一举措,我们能够提升存储能力至 $10\ TB \cdot a^{-1}$,并每年收集 10 类 20 个以上灾害性天气个例,弥补了原先个例信息收集滞后、不全的现状。

在质控算法中试领域的工作中,我们依托综合气象观测业务系统(天衡天衍)成功实现了对地面空间一致性检查、综合一致性检查、多源质控等算法的检验分析。这一举措提升了观测数据质控算法的效果,进一步增强了质控算法的准实时检验能力。

在产品算法方面取得了重要进展,我们成功开发了 L2~L6 级别的产品检验算法,包括组网产品、多源组合产品、多源融合产品、智能判识产品以及足迹跟踪产品。这一系列产品检验算法的研发和应用,满足了用户不同需求,丰富了我们的数据产品。

在检验评估算法方面,我们建立了多种评估方法,包括九大类数据检验评估算法、交叉检验评估算法以及多要素协同变化检验评估算法。通过与国内外同类算法进行对比检验,综合考虑了质量评估、时效性评估、稳定性评估和先进性评估四个方面,建立了观测产品和质控算法的质量评价体系,并定期发布中试报告,确保了中试成果的可靠性和高质量。

在 2022 年中试评估工作中,中试平台取得了显著的进展,为业务发展提供了有力的支持,我们将继续深化研究,并加大对新技术的应用和创新,并建立健全中试基地在管理、运行、中试、评估转化等各方面的制度建设,强化人才培养,多手段、多种方式加大在中试能力方面的人才建设,不断满足探测业务运行、新技术研发、科研成果转化、引领科技发展等方面的需求,进一步发挥中试成果在业务上的应用效益。

未来,中试平台将在以下五个方向进行优化和发展。

技术创新方面,随着科技的不断发展,中试平台将不断引入新技术和方法,以提高质量评价的准确性和全面性。结合人工智能、大数据技术,加强对气象观测产品的快速评价和分析,为用户提供更精确的质量评价。

数据共享与集成方面,中试平台将促进气象观测数据的共享与集成,通过建立数据共享和规范标准,将不同数据源的气象探测数据进行横向和纵向的数据集成,全面提高数据的质量和可靠性。

精细化评价方面,随着气象观测技术的进步,中试平台将能够提供更加精细化的质量评价。通过不断完善评估方法和提升数据处理能力,可以对气象观测产品在不同时空下的表现进行更深入的评估,满足用户的需求。

多领域应用方面,中试平台不仅局限于气象领域,还可以扩展到其他相关领域,如环境保护、农业、水资源管理等。通过气象观测产品在不同领域的有效应用,为决策者提供有针对性的数据支持,实现不同领域的发展。

自动化和智能化方面,随着技术的进一步发展,中试平台将朝着自动化和智能化的方向发展。引入自动化评价和智能算法,能够大量快速地评估和分析气象观测产品,并提高评估的效率和准确度,使中试平台在技术、应用和服务方面不断进步。

最后,我们将与国内外同行开展更多合作,加强交流与学习,为推动我国气象探测科技成果中试业务的发展和进步做出新的贡献。

附　录

关于公布软件业务化应用考核结果的通知

各单位：

按照《中国气象局气象探测中心软件业务化应用考核管理办法（修订）》有关要求，经过材料审查、技术测试、应用评估、专家认定等环节，"气象观测质量管理体系信息系统"等7个软件（详见列表）通过了业务化应用考核，特此通知。

序号	软件名称	软件完成单位	软件完成人
1	气象观测质量管理体系信息系统	数据室	李雁、施丽娟、赵培涛
2	天地空一体化联合会诊系统（V1.0）	数据室	施丽娟、李巍、李翠娜
3	天衍APPV1.0	数据室	施丽娟、杨馨蕊、李瑞义
4	数据业务中试平台V1.0	数据室	徐鸣一、赵晨曦、施丽娟
5	海洋气象观测业务系统V1.0	研发室	李肖霞、张志龙、杨馨蕊
6	土壤水分质控和融合算法业务系统V1.0	研发室	朱永超、吴东丽、刘聪
7	综合气象观测试验业务（天创）系统v1.0	基地室	王小兰、张雪芬、刘达新

数据业务中试平台通过业务化应用考核

中试产品评估结果通过中国观测质量报告权威发布

数据业务中试平台软件业务化应用考核认证证书

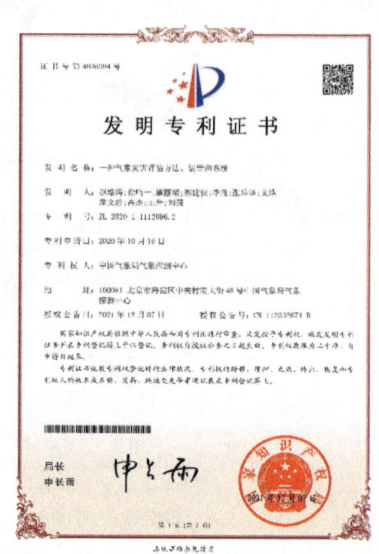

获得一种组合风场评估方法、装置和系统等发明专利3项

数据业务中试平台质量问题个例库等软件著作权5项

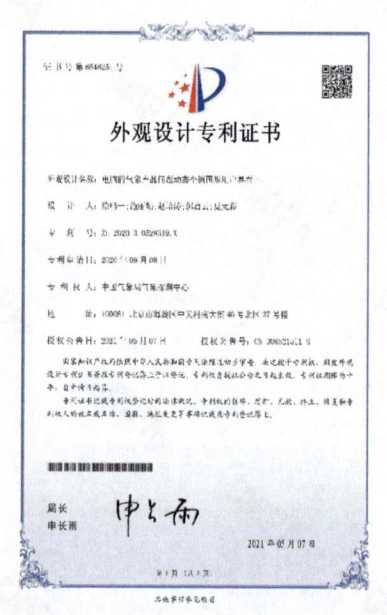

电脑的单站气象产品检验的动态图形用户界面等外观专利5项